水利水电工程施工与项目管理

闫文涛　张海东　陈　进　**主编**

吉林科学技术出版社

图书在版编目（CIP）数据

水利水电工程施工与项目管理 / 闫文涛，张海东，陈进主编． -- 长春：吉林科学技术出版社，2020.9
ISBN 978-7-5578-7567-1

Ⅰ．①水… Ⅱ．①闫… ②张… ③陈… Ⅲ．①水利水电工程－施工管理 Ⅳ．① TV512

中国版本图书馆 CIP 数据核字（2020）第 189121 号

水利水电工程施工与项目管理

主　　编	闫文涛　张海东　陈　进
出 版 人	宛　霞
责任编辑	端金香
封面设计	李　宝
制　　版	宝莲洪图
开　　本	16
字　　数	240 千字
印　　张	11
版　　次	2020 年 9 月第 1 版
印　　次	2020 年 9 月第 1 次印刷
出　　版	吉林科学技术出版社
发　　行	吉林科学技术出版社
地　　址	长春净月高新区福祉大路 5788 号出版大厦 A 座
邮　　编	130118

发行部电话 / 传真　0431—81629529　　81629530　　81629531
　　　　　　　　　　　　81629532　　81629533　　81629534

储运部电话　0431—86059116

编辑部电话　0431—81629520

印　　刷	北京宝莲鸿图科技有限公司
书　　号	ISBN 978-7-5578-7567-1
定　　价	50.00 元

前　言

众所周知，水利工程的建设主要是为了能够有效地控制地下水与地表水的使用，进而为人们带来众多的便捷，避免发生一定的水灾害。在水利水电实际施工的过程中，将阀门合理地安装到河道或渠道上，使其能够有效地调节水位、控制水流量，确保水利水电工程能够有效实施。相同地区的水利工程在施工的过程中是相辅相成的，同时还能够相互制约。与此同时，单项水利工程在施工的过程中要考虑相关的综合因素，各服务之间不仅有着密切的联系，同时也会出现相应的矛盾。因此，水利工程在建设的前期必须从多方面考量，才能够制定合理高效的施工方案。

在水利水电工程实际施工的前期，其建设的质量将会直接影响国家经济，虽然我国在水利水电工程取得了一定的成就，但在实际施工建设的过程中，因为相关管理体制不够完善，导致发生了许多问题发生众多的问题。

无论是水利水电工程，还是其他工程的建设，都需要各个部门工作人员高效地完成自身的任务，提高整体工程的质量。然而，在水利水电工程实际施工的过程中，工作人员的综合素质出现一定的差异化，部分工程为了能够在规定的时间内完成施工建设，进而忽视对施工人员的管理，严重影响水利水电工程的整体质量。严禁为了节约成本而减少对施工人员的培训工作。在时代迅速发展的背景下，只有合理地提高施员工的综合素质，才能够跟进时代发展的步伐，促使水利水电工程能够高效地完工。

水利水电工程与其他工程相同，无论是原材料的选择还是整体工程的规划，都需要根据工程的需要，切合实际的充分准备。然而，有些施工单位为了降低成本，并获得更高的经济效益，在材料选择的过程中，购买价格低质量差的材料，严重影响工程的整体质量，同时为工程埋下安全隐患。除此之外，在水利水电工程施工的前期还需要对施工周围进行全方面勘查，将影响工程质量的因素排除，制定合理的施工方案，确保水利水电工程能够高效顺利的竣工。

目　录

第一章 水利水电工程的基本理论

第一节 水利水电工程质量的几点

随着国家经济建设的发展，我国水利水电工程取得了一定成绩，水利水电工程的质量得到了很大程度的提高，水利水电工程的质量影响着整个国民经济建设，所以当前，针对水利水电工程中存在的问题，需要引起重视。本节将先指出水利水电工程质量存在的问题，再根据问题提出具体的解决措施。

一、当前水利水电工程质量存在的问题

水利水电工程施工材料监管不严。当前，水利水电工程的施工材料监管不严容易导致工程质量出现问题，原材料的质量对于工程施工来说，具有重要的意义和作用。部分水利工程单位只顾眼前利益，为了节约成本，获得暂时的经济利益，在原材料的质量上采取不正当手段，比如偷工减料、以次充好等。对于原材料的管理工作也不重视，工作态度不积极、不认真。材料进场前，选择无良厂商的产品，也没有对施工材料进行检查，允许无合格质量证明的材料进场，进场后也没有对施工材料进行抽检，这给工程带来较大的安全隐患，难以保证施工质量。从材料的采购、运输到材料的运用，管理规范性较差，从而延误了施工工期。

施工单位重效益轻质量。现如今，一些施工企业过于注重自身的经济效益，而忽略了工程质量本身。在水利水电工程中，施工单位过分注重工程的经济效益，尤其是当工程质量与效益发生冲突时，大部分单位会选择经济效益，而不是施工质量，在工期方面，追求的是短工期，却忽略了对工程质量的要求，为了缩短工期，避免遭受经济损失，他们往往直接跳过工程质量检查的环节。

施工质量监管体制不健全。在水利水电工程施工管理方面，主要受相关政府的监管，在政府监管背景下，由法人、监理单位和工程施工单位共同负责管理。其中，法人主要对工程项目的质量负全责，是工程质量的主要监督人和管理人，而监理单位和施工单位主要按照合同和国家相关规章制度的规定，做好各自的工作，履行各自的职能，比如质量监理部门主要是依照相关规定，负责工程质量监管，履行监理单位的职能，这几者都有权利和义务向上级部门汇报工程的质量状况，及时反映质量问题。虽然，各方都能明确自己的责任，对于自身的权力都有明

确规定，但是对于整个工程的质量监管却缺乏相应的规章制度，现存的管理制度存在缺陷，有待进一步完善，比如对于施工现场的材料摆放问题、施工环节和工序问题就没有明确说明，标准较模糊。

二、提高水利水电工程质量

加强对施工材料的监管。加强对施工材料的监管要求从源头做起，施工单位需要认真挑选生产材料的厂商，选择信誉良好、服务优质的厂商，检查材料生产商是否具有生产合格证明、质量许可证明等，检查厂家规模以及厂中设备是否齐全、完善，厂家的生产技术如何和材料质量等。另外，施工单位还需要派专人到材料生产厂家的工厂进行检查，利用随机抽样法，对原材料进行试验，尤其要注意沥青、石灰和粉煤灰等材料的质量，也要检查其质量合格证明，订货前需要获得厂家的相应合格证明和试验报告等，对材料进行定期检查和不定期抽检，加大对材料的生产工序、重点环节以及安全隐患点的监管力度，做好材料的质量监管和验收工作，把好质量关。比如当水泥进场时，需要检查厂商，出厂合格证明是否符合规定等，产品的生产批号是否与工程实际相符，是否具有一定安全性，材料的型号、尺寸是否符合工程要求等。等到检查合格后，再进行抽样检查，等到抽样检查全部合格后才能允许进场，如果材料是砖，需要检查其抗压力和承载强度，检查砖的尺寸、型号是否符合要求，在此过程中不能使用变形砖，更不能将检查不合格的材料用于水利水电工程建设中，在施工过程中，一旦发现质量不合格的材料，需要立即停止使用并进行工程返工。

发挥监理部门在工程质量监管中的作用。工程监理部门要严格按照水利水电工程的要求，对工程质量进行监督，不允许不合格的材料进场，不允许安装质量不过关的零部件，对工程质量进行全面监管，也就是在工程施工之前，到工程施工过程中，再到工程验收阶段，都需要进行监理。工程施工前监理也叫作事前控制，这是对工程准备工程进行控制，比如检查地质勘查情况，检查测量成果，将实际数据和试验数据对比，认真研究施工工艺等；施工过程进行监理叫作事中控制，事中控制需要处理好工程施工过程中突发的事故、安全隐患和材料、人员影响因素等；事后控制又叫作验收环节的监理，这是工程结束后对一些不合格的环节进行返工或者对部分工程环节进行修整等。工程监理部门还需要发挥的作用是明确人员分工，按照工程质量监管制度进行施工。工程总项目负责人、工程经理、技术人员和监理工程师都要负起责任，签订质量责任书，并在施工现场的危险处悬挂警示标语，并受整个社会的监督。

加强隐蔽工程的质量控制。在水利水电工程中，包含着诸多隐蔽性工程，比如地基施工、钢筋施工等，由于隐蔽性工程具有潜伏性和隐蔽性的特点，所以对工程质量影响较严重，因此在施工中，我们需要加强对隐蔽工程的质量控制，对隐蔽性地基施工进行控制，当地基槽被开挖，需要监理部门、设计单位以及施工单位进行检查，检查地质状况是否与工程地基的实际情况相符，地基是否具有一定承载力等，在确认地基具有一定承载力后，再进行地基施工。对于隐蔽性工程的验收，需要人员办理签证，做好验收工作，钢筋完成后，需要检查混凝土的质量，再进行浇筑，检查过程包括检查钢筋接头的质量，钢筋的位置和钢筋的距离等，等到检查合格后再进行浇筑，钢筋混凝土的检查内容包括检查钢筋接头是否质量合格，钢筋的位置是否到位，钢筋是否具有保护层，是否符合工程设计要求等。

加强施工人员的安全意识教育和生产技能培训。安全意识和质量保证是工程质量管理中非常重要的一部分。首先，水利水电工程单位需要以人为本，定期培训提高技术人员的安全意识和专业理论知识，激发并培养他们的责任感，让安全意识和质量意识从根本上树立起来，在施工中做到以设计为准，听从监理部门安排，规范施工。人员技能水平的提高与工程质量的影响紧密相关，因此，需要将人员的培训也纳入到质量管理规范中，定期对施工人员进行培训，提高人员的知识水平和业务能力。

避免出现施工裂缝。在施工过程中，人员要根据工程施工的现场情况，尽可能限制水泥的使用量，在选择水化热度较低的水泥时，可以降低内外温差，减少骨料的温度，并将其缓慢降温，或者可以选择薄层继续浇筑，这样能够加速散热。其次，可以通过混凝土的养护工作来进行升温，在第一阶段中，需要控制环境温度，再进行升温控制，当混凝土温度达到10℃时，再进行第二梯度的升温，这是温度不能超过60℃，温度要在每小时上升10℃，当温度达到最高时，我们所达到的阶段就是恒温阶段。比如在水利水电工程的桥梁施工中，需要在桥梁面上储存一些水源，这样可以提高水利工程棚的温度。另外，要促成混凝土施工的降温，在降温阶段，为了避免降温速度较快，产生施工裂缝现象，需要将降温的温度控制在10℃，这样就可以有效避免由于温度差造成的施工裂缝；在进行桥梁焊接时，要采用间接性焊接法，尽量避免焊接时发生的危险事故。

总之，在国家各项建设中，水利水电工程受到较多关注，为了提高其工程质量，需要人员提高自身的操作技能和专业知识，提升管理水平，控制好施工的各节点质量，采用先进的施工技术，促进水利水电工程的发展。

第二节　水利水电工程生产安置规划

水利水电工程安置的目的在于将工程建设区域内的居民迁移至合适的居住点，并为其创造适合生产生活的条件。在生产安置的过程中，居民的生产生活环境会发生很大的改变，所以必须保证各方面都要安排妥当。但是在进行水利水电工程安置过程中也会遇到一些问题，影响安置工作的效率，文章探讨了一些生产安置方面的建议，希望能够为改善当前水利水电工程生产安置的现状提供帮助，以更好地推动我国水利水电工程的发展。

水利水电工程具有非常显著的经济效益和社会效益，其建设和发展一直是党和国家关注的重点内容。水利水电工程的建设难免会对附近居民的生产生活带来一定的影响，比如对土地的占用、居民的迁移等，所以生产安置工作也是水利水电工程建设的重要组成部分，在水利水电工程的建设中发挥着重要的作用。

一、当前我国在水利水电工程的搬迁安置/移民安置方面存在的问题

水利水电工程生产安置工作的难度往往比较大，目前我国在这一方面也有很多不够完善的地方，主要表现在以下几个方面。首先，对移民的安置问题不够重视，因为水利水电工程的主体建设部分主要是技术问题，而搬迁安置/移民安置是一个比较大的社会问题。但是从目前的情况来看，很多水利水电工程在建设的过程中往往都会表现出重工程、重技术的特点，而在移民的安置方面往往不够重视。其次，移民一般都是在县内安置，安置的范围有一定的局限性。最后是很多当地的居民因为居住地的迁移多少会有不舍或者不满的情绪，对新环境的适应能力也比较差。在进行移民安置的过程中，居民的意愿是最难把握的，一是涉及的人口比较多，很难进行统一的安排；二是水利水电工程建设的周期比较长，在这期间居民的迁移意愿也可能发生变化。这些因素等会增加搬迁安置/移民安置工作的难度和不确定性，必须在安置的规划阶段都充分考虑到，保证移民安置工作的顺利进行。

二、水利水电工程生产安置的原则

坚持有土安置的原则。简单地说，有土安置就是要在安置工作中为移民提供一定数量的土地作为依托，并保证土地的质量，然后通过对这些土地的开发以及其他经济活动方面的安置，使移民能够在短时间内恢复到之前的生活水平，甚至超越之前的生活状况。在这一过程中，农民要仍然按照农民对待，保证农民能够得到土地这一基本的生活依据，防止农民在安置的过程中失去土地而走向贫穷。如果库区的土地资源不足，要因地制宜、综合开发，努力弥补土地资源，保证移民的生产生活有足够的土地作为保障。

坚持因地制宜的原则。目前我国正处于经济大发展、大变革的时期，农村的生产生活方式也发生了很大的变化，农业收入已经不再是农民的主要经济收入来源了，所以在移民的安置方面也应该在原本的"有土安置"原则的基础上做出一些调整和改进。另外，尤其是在我国的南方地区，人口密集，土地资源也比较少，在进行生产安置时很难保证所有移民都能够分到土地。目前，多渠道安置移民已经成为水利水电工程中生产安置的一大发展趋势，除了农业安置、非农业安置、农业与非农业相结合的安置之外，还有社会保障、投靠亲友以及一次性补偿安置等多种形式，在搬迁的方式方面也有集中搬迁、分次搬迁等。所以当地政府在进行生产安置时要坚持因地制宜的原则，在安置方式的选择方面要充分听取移民的要求和意愿，做到因人而异、因地而异，对于有能力或者有专业技术的移民可以进行非农安置，鼓励其进城自谋职业；对于依靠农业为生的移民，要坚持有土安置；对于没有经济能力的老人和残障人士，可以采用社会保障安置的方式。

坚持集中安置。集中安置是与后靠安置相对应的安置方式，在 20 世纪七八十年代，我国在水利水电工程的生产安置方面一直采用的是后靠安置的方式，通常是将移民迁移到条件比较差的库区周围，这些地区的生产生活环境都比较恶劣，在供水供电方面都非常不便，基础设施

也非常落后，这些遗留问题一直在后期都没有得到妥善的解决。所以在当前的水利水电工程建设中，要吸取之前的经验，在生产安置方面已经逐渐改为采用集中安置的方式。集中安置简单地讲就是在对移民进行安置前先做好统一的规划，然后待建成之后统一搬迁入住，安置点的生活环境也能够得到很大的改善，各种生活设施也比较健全，移民的满意度也更高。这种安置方式虽然在前期的投入比较大，但是是可持续发展理念的体现，在后期的管理中所花费的成本也比较少。

坚持生产安置和生活安置相统一。在水利水电工程的生产安置方面，不仅要解决移民的生活问题，也要注重解决居民的就业问题。在生活安置方面，要有超前的规划意识，坚持以人为本的原则，为移民的生活创造良好的环境。注重考察安置点的地质、地灾状况，对地质、水文条件做好评估工作，并从安置点的实际情况出发，做好当地的发展规划。此外，要保证安置点的各项生活设施全面，项目齐全、功能达标，在布局方面也要做到科学合理。在生产安置方面，要做好对土地资源的开发和规划调整，在充分考察民意的基础上，因地制宜发展二、三产业，促进安置点经济社会的发展。然后要做好其他方面的安排，包括一次性补偿安置、自谋安置、社会保障安置等，保证移民能够得到妥当的生产安置。

三、水利水电工程生产安置应该考虑的问题

要保证移民的生产生活水平。水利水电工程生产安置的标准就是要达到或者超越移民之前的生产生活水平，这样不仅能够保证水利水电工程施工的顺利进行，也能够体现出水利水电工程作为一项民生工程的社会效益。而且通常在水利水电工程施工的地方经济发展水平不高，当地居民生活的物资也比较匮乏，基础设施建设也非常不完善，所以做好当地的生产安置规划是非常重要和必要的。一方面是为了切实改善当地居民的生活状况，保障移民的切身利益，另一方面体现了党和国家利民的政策和以人为本的思想理念。

在生产安置的过程中，为了保证移民安置能够有效提升移民的生产生活水平，有关部门要注重从以下几个方面进行把握：首先要做好对土地资源的调整，因为水利水电工程的建设本身就需要占用大量的土地资源，余下的土地资源是非常有限的，在对当地居民进行搬迁安置时，要注意做好土地资源的分配，也可以通过开垦新地的方式来弥补土地资源的不足。其次，要加强科技的引导，大力发展现代农业，根据安置点的土地状况和气候状况来开发新的种植品种和养殖品种，充分开发出有效的土地资源的潜力，引导移民科学种植、科学养殖、科学管理，提升移民的知识水平和现代农业技术水平，提升对土地资源的利用率。然后要适当发展二、三产业，增强对移民的教育和培训力度，努力提升移民的科学技术水平和劳动技能，鼓励农民找寻新的致富路径，增加赚钱的门路和本领。最后，要加强对安置点的基础设施建设，完善安置点的交通运输和医疗卫生、学校等基础设施，为移民创造更加便捷高效的生活环境和条件，逐步提升安置点移民的生产生活水平。

促进当地社会经济的发展。水利水电工程的建设具有非常显著的经济效益和社会效益，其

在供水、供电、航运、防洪、灌溉等方面的功能和作用，能够给工程建设的所在地注入经济发展的活力。但是在水利水电工程的生产安置方面，也存在很多不确定因素，会对当地的经济发展带来一定的不良影响。因此，在水利水电工程的建设过程中，有关部门要重点解决移民的补偿安置问题，保证移民安置工作的顺利进展，最大限度地发挥出水利水电工程的经济和社会价值。如何使移民能够及时迁出、统一安置、快速致富，是考察生产安置工作的重要标准。移民安置工作的完成情况与当地政府的科学规划、积极组织、有效安排是密不可分的，所以在安置工作进展的过程中，政府要明确自身的责任，全力支持，积极参与。一方面，当地政府在对工程施工地的移民进行安置时，要坚持以人为本、因地制宜的原则，从移民的角度出发，将移民安置妥当。在开展各项具体的安置工作时，要明确工作和责任的主体，保证各项安置工作能够得到及时有效地落实，使得搬迁和维稳工作都能够落实到位，提升工作的效率，保证后续安置工作的顺利进展。

水利水电工程的建设对安置点的经济发展虽然具有一定的促进作用，但是这一过程是缓慢的，移民群众的积极性也很容易受到影响。因此，当地政府部门要将水利水电工程建设同促进安置点居民的脱贫结合起来，进而推行并落实相关的政策措施，明确各级政府部门的责任，合理分工、积极协作，注重调动安置点移民的积极性，共同致力于促进当地社会经济的发展。

总的来说，水利水电工程的建设是一个综合全面的过程。在这一过程中，要重点解决当地移民的生产安置问题，坚持以人为本的原则，做好生产安置的规划工作，努力促进安置点的可持续发展，在提升移民生产生活水平的同时，努力促进当地社会经济的发展。

第三节　水利水电工程基础处理技术

水利水电工程有着非常强的特殊性，包括的范围和领域非常广泛，需要非常多的部门一起合作才能完成最终的项目。在实际施工的过程中，需要实施很多的细节工作，其中对于水利水电工程基础处理技术是非常关键的一项工作。本节针对水利水电工程基础处理技术给出了详细的分析。

因为水利水电工程基础处理施工正在不断将水平进行提升，所以为了对水利水电工程建设效率给予进一步保障，需要对工程基础处理技术进行深入的探究和分析，并加以总结，以便将施工技术进行完善。这样才能使真正的技术应用效率得到提升，使水利水电工程建设得到高效发展。

一、水利水电基础施工技术的特征分析

与以往应用的工程进行比较，水利水电工程有着非常强的特殊性，包括的范围和领域非常广泛，并且需要非常多的部门一共合作才能完成最终的项目。在实际施工的过程中，需要实

很多的细节工作，主要的功能特征分为几个层面：其一，施工现场非常复杂，水利水电工程大部分需要对水库、湖泊等水流充足的区域进行修建，依靠湍急的水流可获取电力。不同的施工环境，都需要结合相应的条件对任务进行分配，如不同程度的地基，可满足之后不同结构不同稳定性的需求等；其二，施工的范围非常广泛。水利水电工程为获取电力的天然工程，涉及的范围会比较广泛，有着较大的工程量，并且施工的周期会比较长。因此，在施工的过程中，需要进行处理的基础工作比较多。如：大型水电站、近水建筑以及大坝等基础工程；其三，技术升级速度快。为了实现现代化，更为了对预期的施工任务完成给予保障，需要对技术以及材料进行更新。这些对工程的进度会起到决定性的影响作用。

二、水利水电工程基础处理施工的作用

有益于结构稳定性的提升。在大部分的水利水电工程施工当中，施工现场的地质条件会有些复杂，经常会遇到软土地基。因为软土地基的土壤孔隙比较大，土体结构并不稳定，加之土体结构需要承载的负荷非常大，所以极易发生土体塌落，导致基础结构产生不均匀沉降，从而对水利水电工程的稳定性造成影响。因此，需要对水利水电工程的基础处理施工进行完善，以便对基础结构稳定性给予保障。

保障基础防渗效果。一般情况下，水利水电工程项目需要在水域中构建，所以针对基础结构的防渗性有着非常高的要求。在基础施工的过程中，如果不能合理防渗，工程结构非常容易产生裂缝，坍塌以及变形。因此，需要针对地基结构应用相应防渗处理，以便对水利水电工程的安全性给予保障。

三、水利水电工程基础处理技术

锚固技术。锚固技术在该工程中的应用非常普及，是非常普遍的一种巩固技术，最终的目的便是将梳理水电工程自身的结构性能进行提升。因为水利水电工程属于人力、物力、财力消耗非常大的工程项目，并且施工环境非常复杂，施工的周期比较长。但是，对于锚固加工技术的应用，可对施工的稳定性给予保障，使水利水电工程在施工过程中可对各种不利施工的环境因素进行克服。

预应力管桩。当前建筑行业的发展，建筑施工技术也在不断地更新和发展，预应力技术也得到了相应的发展，在建筑领域中的应用越来越广泛。特别是在水利水电工程领域当中，对于该项技术的应用，起到了非常重要的作用。在水利水电工程中，管桩沉降包括静压法、震动法、射水法，其中，先张法以及后张法属于预应力管桩施工当中的关键构成部分，在工程施工中产生的作用存在一定的差异性。预应力管桩施工当中，要与工程的具体情况进行结合，以便应用合理的施工技术，对施工质量给予保障。

土木合成材料加固施工法。水利水电工程基础处理的过程中，还需要对土木合成材料加固施工法进行应用，以便将工程的基础处理质量进行提升。该项施工方法，为在基础施工的前提

下，平均分配施工载荷，这一分配形式，在某种程度上可使工程在载荷承载力有所提升，以便保障工程的稳固性。因为水利水电工程施工的过程中，时常会有塑性剪切施工力，所以会对工程造成一定的破坏。其中土木合成材料了平均分配剪切力，对剪切力的扩张等会产生相应的限制作用和阻碍作用，可有效控制工程的承载力。

硅化加固施工法。在实际建设的工程中，有些施工方为了对工程的稳定性给予保障，会对硅化加固施工法进行应用，这一施工方法可通过电渗原理施工。在实际施工的过程中，还需要对网状注浆管的施工效果进行保障。这一施工方法在软土地基处理中可起到非常有效的作用，因为软土地基的强度有限，所以施工的稳定性存在缺陷。其中，对于硅化加固施工的应用，可借助网状注浆管对软土地基实施硅酸钠以及氯化钙溶液的电动硅化注入，在注入时会产生一些化学反应和凝胶物质，该物质可将软土的强度以及连接性进行提升，从而对地基的稳固性给予保障。尽管该施工方式，可以起到非常理想的加固效果，但是会消耗非常多的能源，非常不利于可持续发展。

排水固结施工法。在正式施工的过程中，大部分工程都会面临软土地基的问题，软土当中有着大量的黏土以及淤泥，会严重影响施工。所以，针对软土当中的黏土以及淤泥处理，通常情况下需要引用排水固结的方式施工，该项施工方式可解决软土产生的下沉问题，使地基的稳定性以及安全性有所提升，将地基的整体性能有所提升。该施工方法的构成为基础加压施工和技术排水施工，在实际施工的过程中，要对每一部分的施工效果给予保障。尽管这一施工方式起到的效果非常理想，但适用的范围比较有限，在淤泥的地基处理中非常适用。

总之，本节对于水利水电工程施工的基础技术探究，对项目的整体稳定性起到了非常大的影响作用和效果，所以要对基础处理施工控制进行强化。但是水利水电工程基础处理技术有着非常多的类型，要结合实际的环境特征，建设要求等合理选择，同时强化不同施工工序的控制，从而对施工的质量给予保障，保障水利水电工程的稳定运行。

第四节　如何完善水利水电工程设计

随着我国社会经济的不断发展，水利水电工程项目的建设也越来越多。水利水电工程规模大、施工复杂，建设过程中涉及部门较多，应不断优化设计方案，保障工程的施工质量。论文概述了水利水电工程设计，分析了水利水电工程设计存在的问题，并提出了完善措施。

一、水利水电工程设计概述

水利水电工程是一项比较复杂的系统工程，内容涉及多门基础学科，建设过程涉及多个部门。大部分的水利水电工程建设都是露天作业，施工条件差，为了更好地完成水利水电项目的建设，就需要做好水利水电工程的前期准备工作，尤其是设计，施工企业应多方案对比，选择最佳的水利水电工程设计方案。在工程设计前，设计人员应到施工现场了解并熟悉工程的概况，掌握工程地质的勘察、测量信息，进而设计出具有可行性、合理性的设计方案。另外，在水利水电工程设计过程中，必须要按照国家及有关部门的设计标准进行设计，同时还要对工程进行优化组织设计，从而实现资源优化配置，最终完成高效率、高质量的水利水电工程。

二、水利水电工程设计中存在的问题

设计人员的综合素养不高。现阶段，我国水利水电建设单位存在一些普遍问题，即经济基础不高、设备陈旧、人员老化等。其中，设计人员老化的问题最为明显，致使设计理念、设计方法没有及时更新，从而无法满足时代发展的要求。一些设计人员的责任心不强，前期的勘察工作没有落实到位，比如，工程的一些数据没有核对清楚，使得设计出现不合理现象，甚至有的设计人员没有分析具体情况就直接套用类似的设计方案，这些都在一定程度上影响了工程设计的质量。设计图纸是施工全过程的基础和指导性文件，在设计完成后，需要设计人员进行审核，改正设计中可能存在的错误。

水利水电工程设计的可行性研究欠缺。由于水利水电工程较为复杂，涉及众多学科的专业知识，因此，该工程设计就需要多个专业的设计人员沟通协调、共同完成。在设计时，设计人员要参照招标书、施工图以及可行性研究等内容，科学合理地进行方案设计并不断地完善。但现阶段，设计人员在进行水利水电工程设计过程中，往往会忽视可行性研究，从而使得设计出的部分方案没有依据支撑而无法实践，这对于水利水电工程设计质量来说是不利的。

对设计方案的对比研究不重视。水利水电工程建设具有工期长、规模大以及施工难度大等特点，为了在规定时间内完成相应的工程段建设，对设计工作提出了较高的要求。就工程设计方案而言，其通常是满足工程的一般要求，没有进一步对比和优化工程的设计方案，使得设计方案缺乏最佳性。缺乏设计方案的对比、分析、研究等工作，不仅会影响后期工程的施工质量，而且不利于企业的利益最大化的实现。

缺少详细具体的设计说明。设计说明是工程图纸的重要组成部分，该部分应该具体注释工程的概算编制等内容，水利水电工程亦是如此。但现阶段大多数水利水电工程设计图纸中，对概算编制的注释较少，相关说明不够详细，在一定程度上增加了后期工程的审查和实施工程的难度，影响着工程施工的进度和质量。与此同时，在编写设计说明时，材料单价部分要还根据市场价格来进行实时调整，保障材料清单的准确性，促进后期一系列工作的顺利展开。

三、完善水利水电工程设计的具体措施

加强工程现场的勘察工作。工程施工的依据是设计图纸，而设计的依据是工程的现场勘查，只有确保准确的现场勘查结果，才有利于设计的科学性和合理性。就项目的现场勘探而言，为了保障勘测结果的精确度和有效性，需要先进的设备和拥有一定技术水平的人员进行勘探工作，调查水利水电工程的基本概况，勘测工程的地质、水文条件，收集周围环境的资料信息。同时

还要统计不同地势水文站检测的相关资料，对这些资料进行综合分析和归纳总结，并将总结内容整理成一份全面的工程地质资料，为工程设计工作提供资料依据。

增强质量管控意识，建立管控体系。随着我国综合国力的提升，很多水利水电工程是与国外进行合作建设的，同时还增加了一些海外设计工程项目。但我国质量管控体系还不完善，具有一定的滞后性，影响着施工企业的发展，更不能满足现代工程的建设要求。因此，相关企业应增强质量管控意识，建立和完善工程设计的质量管控体系，满足设计市场和企业发展的需求，把好水利水电工程的设计质量关，保障工程项目的质量安全，促进相关设计单位和施工企业的长期稳定发展。

提高设计工作中的质检水平。现阶段，我国的水利水电工程的设计质检水平不高，影响着设计方案的质量。为了有效提高工程设计质量，就要加大水利水电工程设计各个环节的监督力度。可以从以下几个方面入手：（1）企业要树立质量第一的思想，增强设计人员的责任感，使其认识到设计工作的重要性，端正自己的工作态度，认真高效地完成自己的工作任务；（2）设计部门人员应严格按照国家及有关部门的设计标准要求进行设计，落实设计全过程中数据记录、设计相关文件等方面的质量控制工作；（3）加强设计工作中各个环节的质量检查，针对不同的需求进行设计图纸的修改，从而真正提高设计图纸的质量。总之，提高设计工作的质检水平，是保证水利水电工程的重要途径。

在水利水电设计中加入环保理念。随着经济的不断发展，人们生活质量在不断提高，对生态环境保护的意识也越来越强，这就给水利水电工程设计指引了未来的发展方向，即将环保理念加入到水利水电工程设计中，提高环境保护意识，建设生态文明的社会。另外，具有环保性质的水利水电工程设计，还能有效地保护水资源，有利于实现水资源的循环利用和持续发展。

加强设计上的创新。为了满足时代的发展需求，提高自身的核心竞争力，设计单位应不断更新设计理念，自主开发和创新设计方案。其中可以引进国外先进的技术、设备和理论知识，不断完善企业自身的设计理念、技能，进一步提高企业的设计水平。在工程设计的过程中，结合工程的实际情况，合理地运用现代科学技术来完成创新型设计方案的实践。

总之，在水利水电工程设计中还存在一些问题，为了保障工程的设计质量，设计单位应加强工程现场的勘察、增强质量管控意识、提高质检水平等，通过采取一系列的措施，从而不断完善水利水电工程的设计，使其为后续施工打下坚实的基础，进而促进水利水电工程的顺利完成。

第五节　水利水电工程试验检测要点

国家经济发展，城市建设不断进步的同时，基础设施建设得到发展，水利水电工程与人们的生活息息相关，同时也对社会发展有非常重要的意义，所以提升水利水电工程质量已成为水利水电工程建设乃至社会基础设施建设的重要目标。这就要求相应的工作人员对水利水电工程的质量进行严格把关，将试验检测落实到实处，从而发挥其重要的监督作用，使工程的建设质量有一定的保障。

一、水利水电工程试验检测及其意义

我国是一个农业大国，以农业生产为主，农业的发展能够促进国家经济积极增长。而水利工程建设与农业发展之间有着密切联系，水利工程建设不仅能够促进农业更好发展，还能有效实现对生态环境的保护。但是，水利工程在建设过程中难度较高、建设周期较长、并且建设规模巨大。所以，在建设过程中容易受到诸多因素影响。在如今社会快速发展，科学技术不断更新的背景下，想要提高水利工程效率与质量，需要在建设过程中加强质量检测。在质量检测中应用无损检测技术，能够使水利工程质量得到有效保障，进而推动国家更好发展。

二、水利水电工程现场试验检测的作用

有利于确保施工运行安全。水利工程在进行建设的过程中，要积极进行试验检测的实施，促进相关工作人员以及相关部门对工程情况及时了解掌握，其试验检测主要是对水利工程施工现场的材料以及施工设备等进行检测，以达到对水利工程施工的监管作用，促使水利工程能够在工期内交工同时保证工程质量安全可靠。

有利于确保工程项目质量安全。在水利工程竣工阶段的检测，属于对水利工程整体进行检测，主要是要对水利工程的各项检测指标进行科学的对比，以此来检验水利工程的质量，保证水利工程的安全，促进其能够继续为社会的发展以及城市的建设发挥效益。因此，水利工程竣工阶段试验检测有利于确保工程项目质量安全，在水利工程建设现场实施中占有不容忽视的地位。

三、水利水电工程试验检测要点

某水库全长 112.34km。施工桩号 50+850m-57+740m，57+740m-63+480m，69+100m-76+400m 段，优化设计负责实施。本合同工程桩号全长 7.3km，钢衬长度约 1417m，倒虹管长度约 833m，混凝土衬砌段长度约 5050m。上游、下游段为输水隧洞，中间 69+867-70+700 段为倒虹吸管。

按《水利水电工程施工质量检验与评定规程》（SL176-2007）相关规范，试验工作按招标文件、监理的要求和相应的规程规范进行，使进场的原材料质量、施工过程质量，以及混凝土制成品质量完全处于试验室的检验和控制之中，确保不同类型的原材料和混凝土制成品在质量上符合质量检验规程。

原材料质量检验项目：

（1）从国家的层面对建筑材料来源的控制。为获得更多的利润，一些企业采取不正当竞

争手段，通过降低产品的质量降低生产成本，同时一些企业也通过采购廉价原材料降低建设成本，最终导致大量质量不符合要求的建筑材料进入施工现场，影响了工程的整体质量。针对这种情况，国家应该制定出相应的法律法规，规范建筑施工材料的生产环节，从根本上保证建筑材料的质量。（2）从企业的层面对建筑材料来源的控制。为了保证建筑材料的质量，企业层面同样应该进行一定的控制管控。企业在进行原材料采购的过程中应该严格把控采购程序，负责采购的采购人员应该加强自身的职业素质和专业素质，对材料生产厂家的生产水平、信用水平等进行实地的考察与检测。

工地现场检验：

①根据施工总进度计划现场碾压试验，确定控制参数。依据《土工试验规程》（DL/T5355-2006）及合同技术条款规定，对现场按控制参数及设计参数进行干密度、含水率及相关试验检测。②混凝土组成材料配料量以重量计。

取样检验：

依据《水工混凝土施工规范》（SL677-2014）规范相关要求，原材料试验取样频次如下：

①水泥：工程中所使用的水泥材料必须在进场前完成品质检验，每一批都要有质检报告和合格证书，一般按每400t同厂家、同品种、同强度等级的水泥为一个取样单位，达不到400t的也作为一个取样单位进行检验。②掺合料：对进场使用的掺和料进行验收检验。粉煤灰等掺和料以连续供应200t为一批（不足200t按一批计），硅粉以连续供应20t（不足20t按一批计）。③骨料：粗骨料按每500m³同厂家的骨料为一取样单位，如料源变化也作为一取样单位。细骨料：按每500m³同厂家的骨料为一取样单位，如料源变化也作为一取样单位。④外加剂：外加剂的分批以掺量划分。现场掺用的减水剂溶液浓缩物，按100t的标准取样，每班至少检查一次外加剂溶液浓度。⑤金属材料：钢筋检测为同一批号，同一炉号，60t为一检测批次，不够60t也以一批记。钢筋焊接检测以300个同接头形式、同钢筋级别的接头作为一批。⑥混凝土拌合用水：一种水检测一次，橡胶止水带每10000m²按不同规格、厚度各检测一组。

总之，水利水电工程的检测在保证水利水电工程的质量上具有重要意义。加强施工现场的试验检测能力能有效避免施工问题的出现，同时使问题及时发现并采取措施使之得以解决。相关的水利水电施工单位应对试验检测的必要性引起足够的重视，并通过一些规章制度的建立使得试验检测工作顺利地开展，将水利水电的工程试验检测工作落实到实处。

第六节　水利水电工程施工控制学

水利工程是系统性工程，涉及的专业技术较多，施工难度较大，施工工期随着难度增加，这就给水利项目的施工控制造成了一定的难度。另外，水利项目施工管控是保证水利工程施工质量不可或缺的重要手段。本节首先分析了水利工程施工管理的特点，随后着重研究分析了有助于提升水利项目施工质量管控能力的举措与方式，期望可以对有关的水利项目建设企业提供一些理论性参考，改进其施工管理方面质量控制。

近年来，随着国家政府不断加大对水利工程建设事业的重视，在资本支持方面和政策方针方面均对水利项目建设单位予以了很大力度的扶持，促使水利项目取得了很多令人瞩目的成绩，相应地也推动了我国水利工程建设事业的蓬勃发展。但与此同时，对于任何工程建设施工单位来说，质量是提高市场竞争优势的重要法宝，也是施工单位赖以发展和生存的生命线。所以对于水利工程施工单位更是如此，更要将施工质量控制置于各种管理工作的第一位，全面加强水利项目施工控制，深入探究关于增强水利项目施工质量管控的方式与举措，唯有如此，才可以满足水利项目建设企业长效发展的基本。

一、水利施工控制的主要内容

原材料的质量控制。水泥的选择应优先选择水化热较低的矿渣水泥，避免使用刚出厂未经冷却的高温水泥。骨料选择：砂子为Ⅱ区中砂，细度模数在 2.4 ~ 2.6 之间为最佳，含泥量不大于 3.0%，泥块含量不大于 1.0%，石子为连续级配碎石，含泥量不大于 1.0%，泥块含量不大于 0.5%，掺合料应选择优质粉煤灰或矿渣粉，掺入一定数量的掺合料替代水泥能降低水化热，保证混凝土的和易性，增加混凝土的密实度，选择与水泥相适应的外加剂，增大混凝土的流动性，降低水胶比减少混凝土的收缩，如果气温大于 20℃时应复合缓凝剂，推迟混凝土放热高峰和降低峰值。

混凝土浇筑的质量控制。在混凝土施工中，在混凝土中加入其它成分，来控制水量，提升稳定性，达到最佳的塑性效果，转变混凝土的状态，提升流动状态，减少水热化的不利因素，缓解热冲突，科学布置施工顺序，分步骤分面积进行浇筑，使得热量不会堆积，并且留给变形余地，在材料中加入冷水或冷气管道，分散热量，缓和内部的温度差异，对温度的变化进行合理的控制，推动冷却效果的实现，提升砼养护的效果。

二、水利水电工程施工质量的影响因素

施工的环境。水利水电工程在施工的过程中，露天作业是常态。工程的施工进度和施工方案都会受到施工环境的影响和制约，进一步对工程施工的质量产生影响。水利水电工程施工质量控制的过程中，需要对工程地质进行处理。如气候的变化对施工进度造成影响，恶劣的气候导致工程进度减缓，对整体工程的质量带来影响。同时如果施工的场地过小，大型设备难以正常的运行，影响工程的施工质量。

施工材料的影响因素。在水利水电工程建设的过程中，原材料的质量对工程施工质量有着直接的影响。如水泥质量不合格，水化性差，安定性弱；粗骨料的直径较大，严重超标，细骨料泥沙含量高，不符合工程施工标准；混凝土配比不合理，强度不符合工程要求，导致混凝土在高温或者低温的状态下性能发生变化；混凝土养护过程形式化，造成混凝土强度降低，出现裂缝现象。在水利水电工程施工的过程中，原材料的质量或者操作使用不合理，给水利工程施

工质量带来影响。

三、我国水利水电工程施工控制与管理模式对策

水利水电工程施工管理控制对策：业主单位必须得先建立科学的管理理念，要充分认识到施工实时控制技术在工程施工过程中的指导作用，从而很好的控制工程的工期、质量、成本等方面。此外，还需要建立完善的管理组织机构，并将各自责任明确化，对整个施工过程进行全面的监控，使施工计划与方案得到全面有效的落实。

科研单位对于规模较大的水电工程的施工实时控制理论与方法要进行深入的研究，加强控制结果的准确性，使该实时控制系统得到进一步的完善，使系统操作起来更加方便、简洁以及灵活，对其控制过程进行改进，使其结果更加的直观，以便于相关工作人员更加容易理解并实施。

设计与监理是施工实时控制技术得以实践及应用的重要环节，与科研单位相比，设计单位对工程实践要更加熟悉一些，与建设单位相比，设计单位在施工实时控制技术方面也更加熟悉一些，同时，设计单位对于实时控制技术的优势与劣势也非常了解。故该控制系统的工程实践需要设计与监理两个单位的相互协作一同去完善，同时，将该控制技术广泛地应用于施工现场。

水利工程施工材料的质量控制。水利工程施工的材料，其中包括建筑材料外，还有原材料，半成品，成品，零部件，配件等。各种建筑材料是整个水利工程施工的物质条件，材料质量是工程质量的基础，材料质量不符合要求，就不可能实现项目的质量标准。因此，加强材料的质量控制是保证水利工程施工质量的重要依据。

水利工程施工机械设备的质量控制。对于工程中可选的施工机械应具备该水利施工工程的适用性，必须确保工程质量，可靠性，操作简易的使用性能与安全性能。机械的具体性能参数，在保障关键性能参数的机械设备的基础上选择，确定其参数指标必须满足的需求和要求，以确保施工质量。水利工程施工使用操作要求应贯彻人与机器设备固定的原则，给定机器的具体的人员管理方式实施，使用的工作职责赋予管理系统，在使用中，严格遵守操作规程和机械技术要求规范，机械设备做日常维护工作，机械保持良好的运行状况，质量和安全，防止事故发生和确保施工质量。

单项控制策略。水利水电工程施工过程十分复杂，充满了随机性和不确定性，使得施工过程信息和施工系统在不断变化发展，这也就决定了要想实现高效的施工控制，就必须要制定实时反馈策略和模型自适应策略。控制系统中的反馈就是指输入的信息（又称给定信息）作用于受控对象后，将所产生的结果再返回来（真实信息）输入到开始端去影响信息的再输出，以便矫正原来信息的误差，从而使控制系统行为达到最佳状态，实现控制的预期目的，这个控制过程叫反馈。所谓反馈原理，就是应用反馈机制实现控制的目的，达到控制系统的预期目标的理论，这一原理有以下几个要点：①凡有闭环控制系统存在的地方就必然要有反馈，控制与反馈是一对有机组合体；②要实现控制，要达到控制目标，就必须有反馈，反馈是实现控制目标的一种重要手段；③反馈原理的独特作用就是在控制系统中（闭环控制）根据过去操作情况，去

调整系统的未来行为，以达到系统的预期最佳效果。简而言之，用反馈原理达到控制目的，使系统实现理想目标。

　　水电工程建设期长、受到各种随机因素的影响，使得施工进程几乎不可能按计划实行，针对水电工程施工系统的复杂性、影响因素多、人为因素多等特点，采用合理的控制与管理模式对其意义是巨大的。

第二章 水利水电工程设计的基本理论

第一节 水利水电工程设计存在的问题及对策

近年来，我国社会经济发展迅速，在社会发展的整个过程中，水利水电无疑是发展基础，在社会科技水平不断进步的同时，我国的水利事业也得到了进一步的发展，成为我国经济社会发展的一项重要工程。设计工作是水利水电工程建设中重要的一部分，关系到水利水电工程建设的成功与否。

随着经济和各行各业的快速发展，水利工程建设是加强水资源利用的重要措施，现如今，新建水利水电工程数量越来越多，并且在长期应用中取得了良好的效果，为推动社会经济发展做出了巨大贡献。水利水电工程质量直接会影响工程整体的安全性，而工程的质量与设计息息相关，如何保证水利工程设计质量，是需要设计单位重点关注的问题。

一、水利水电工程质量管理工作内容

开展水利水电工程管理时，经常出现质量方面的问题。水利水电工程质量管理工作的进行，其根本目的在于加大工程保护力度，针对工程中的薄弱环节逐步完善，制定出明确的管理内容。为了能够切实提高基层水利水电工程质量，加强质量管理水平，有关人员务必确定管理人员的监管内容，水利水电工程施工期间加大管理力度，只有如此才能够真正确保工程质量。

水利水电工程建设前期质量管理工作。正式开始水利水电工程施工之前，质量管理工作包括以下内容：一是工程施工图纸与质量管理内容；二是相关人员到施工现场对施工单位技术水平进行考察；三是检查原材料质量；四是完善管理制度；五是制定管理对策；六是正式开始施工之前，要签署所有文件，明确施工双方的职责，以免出现后期推卸责任的现象，为后期施工的顺利进行奠定基础。

水利建设施工期间质量管理。一是将水利水电工程管理内容进行细化处理；二是安排专门人员负责质量管理工作；三是全面执行责任制，保证出现的所有质量问题都能够找到负责人；四是加强水利水电工程施工过程的监督力度；五是施工现场如果存在质量问题，要及时予以解决；六是将优化施工内容作为工作的主要内容；七是践行质量监督体系，以此作为质量管理工作完善的依据。

水利建设后期质量监测工作。这是保证水利水电工程质量的最后环节，必须要全面加强事后监督力度。一方面要对水利水电工程涉及的所有技术要点进行检查，保证其质量；另一方面要检查施工期间的技术文件与质量报告，依据国家、行业标准严格检验，严禁出现质量不过关工程。

二、当前水利工程设计中的主要问题

缺乏经济和环境保护意识。在水利水电工程建设中，要综合考虑各种因素，既要考虑经济因素，又要考虑环境保护观念。本着以低成本为高性价比商品的原则，树立简单方便的绿色环保理念，切实执行可持续发展规划，为今后的生产和生活提供保障。如果水利水电工程设计盲目追求低价，忽视质量，那么问题就会在工程后期暴露出来，影响更加严重。因此，在设计的早期阶段，我们应该考虑各方面的成本等问题，仔细选择合适的具有成本效益的工程材料。在选择材料的同时要考虑环境因素，选择无毒无害的设计材料，对环境和居民不会产生较大的影响。

不充分的设计准备。要想成功地实施水利水电工程建设，就必须做好充分的准备，使设计任务能够按时完成。准备工作是整个项目设计的基础。俗话说，一万英里的旅程始于第一步，良好的开端是成功的一半。在我国，普遍存在的问题是水利工程设计的准备工作还不够，政府人员对项目前期准备工作没有给予高度重视。古人说治水必须自己进行，只有通过实地考察，才能根据当地情况更好地设计出适合该地区的方案。由于设计准备得不充分和粗心，所设计的图纸不能满足地形的实际需要，从而影响整个施工进度和质量。

设计方案与实际不相符。水利水电工程建设的设计方案需要从工程实际出发，充分考虑工程实际的地形地质、外部工作环境的要求，但是往往所采取设计推荐方案的与工程实际施工状态不符，主要是由于水利水电的设计部门专业人员配备较少，专业不精，给予的设计周期相对较短，造成实际勘察的过程中没有准确的进行数据记录，同时一些设计单位对于水利水电工程基本的程序没有全面理解，为了节约时间和资金只是进行了浅显的研究，经常按照常规的经验简化程序来进行推断，这些程序的简化对于实际情况没有进行准确地反映，只利用单一的地形图以及相关资料进行简单设计，仅仅只是"纸上谈兵"，最终造成设计深度和精度不满足工程实施要求，施工起来无法将设计方案落在实际。

三、水利工程设计问题的解决措施

设计咨询，加强管理。在项目工程不同阶段，需要聘请权威的专家与机构，对工程建设中的重大方案进行论证，分析工程设计方案的可行性以及技术要点，做好技术把关工作，防患于未然。同时，业主需要加强设计管理工作，努力做好自身建设。业主在设计管理中起到了主导作用，这就需要强化内部人员培训，要求专人专注开展工程设计，积极咨询专家，尽可能从多方面提出论证性问题以及对比方案，从而确保设计管理质量。还需要强化设计工作的合同管理，强化合同一式，在合同执行期间明确双方权责，这样才能够规范合同双方的行为，确保设计工作顺利进行。

提升相关工作者的综合素质。人才资源是设计效果准确实现的重要前提，因此水利水电工程单位必须积极组建一支具有专业素养以及高品质的优秀团队。专业人员必须具有团结协作的意识以及协调互助的意识。如此一来，团队成员便会逐步促进该设计项目渗透着创新性的思想。综合素养的提升方式主要如下：定期对相关人员进行专业技能的培养，例如对地质以及水系的专业测量技术，对剖面的设计图纸规划等。

注重基础资料的可靠性和设计方案的可行性。前期工作必须做好基础资料的收集准备，客观认真地进行分析研究，把研究成果作为设计方案的主要依据，因为水利水电工程的设计工作会直接影响到整个工程的施工建设，所以需要由专业的技术人员进行准确的勘测，采用先进的技术和设备将资料搜集工作进行完善，使得水利水电设计达到相关水利水电工程的规范要求，确保工程能够发挥良好的社会效益。同时与国内知名高校和图书馆建立长久合作，利用图书馆内藏书，搜索专业的学术论文，在设计之前进行充分的准备。采用先进设备进行实际考察，准确的进行水文地质的资料记录，并且结合水利水电工程的特点，将所采集的资料进行整理和分析，从而制定出最佳的设计方案。通过专业的技术进行深入分析后将材料组合整理，为后期的施工作业提供可靠的依据。

综上所述，水利水电工程质量控制的施工管理和施工技术都十分重要，从各个环节严抓水利水电工程质量控制工作，按照国家对水利水电工程质量的有关要求，实行严格的水利水电工程质量、安全管理，在减少资本投入的同时充分保证建筑施工的安全，实现水利水电工程利润最大化，使水利水电工程的进展过程更加符合预期。

第二节　水利水电工程设计与环境保护

水利水电工程建设过程中要注重融入相应的环境保护意识，确保水利水电工程发挥出生态环境保护作用。当前形势下，国家和政府注重生态环境保护，水利水电工程设计注重环境保护符合我国法规和政令规定，能够更好完善服务于业主，推进该行业高端领域发展的进程，提升环保设计领域的工作效能，极大提升设计成果的实效。

随着人们思想水平提高，对于环境保护越来越重视，水利水电工程设计更加注重对环境的影响，在设计阶段引入环保方面的专家，工程设计向现代化、环保化的方向转变，工程建设既要保证经济效益，也注重社会效益和生态效益，实现可持续发展。

一、水利水电工程设计中环境保护的必要性分析

水利水电工程设计中，有相关法律法规对其环保工作了明确要求，随着社会各个行业和领

域的不断发展，在进行水利水电工程设计中需要更加重视起环保工作；社会主义市场不断发展，随着市场竞争机制的日益变化，在进行水利水电工程设计中需要有效结合环保工作规划做出相应的设计，从而更好地提高行业的市场竞争力；水利水电工程设计中，借助环保工作理念进行设计，可以有效结合实际的环境和资源以及生态等方面的因素进行设计，这对于发挥环境保护作用也有很好的促进作用，在后续的评价考核工作中，也能够及时根据需要做出相应的改动和调整，有效节约时间，提高效能；进行水利水电工程设计，需要把握整个水利水电工程的后续使用，要结合生态环境保护和环境控制以及相关的生态理念进行规划设计，可以有效提高整个水利水电工程的设计生产效能。

二、水利水电工程设计中环境保护控制措施分析

强化环保理念。环保理念是确保工程设计践行绿色、低碳理念的关键，只有设计人员具有环保意识，才能有效提高工程的环保水平。在设计产品的各环节中实现环境保护的功能。因此，加强有关设计部门的环保意识，将其列为设计的重要优先级，从监督到管理部门深化环境保护的理念，严格把关各项设计环节。工程策划的技术人员同样也要有环境保护意识，以其设计骨干发挥带头作用，引导工作伙伴将环保理念融入设计中，确保绿色、节能工程建设的有效性。设计部门以及项目负责人要高度重视环保理念在设计的注入，合理调整各部门效能，提高设计的实效性。

加强环境专业与非环境专业之间的沟通。与规划专业的沟通。水利水电工程规划建设过程中，应该积极结合环境保护工作和工程建设情况与规划设计专业做好良好的沟通，尤其要结合实际的环境保护工作和下游生态环境变化及相应的用水需要，做出相应的调整，加强与规划专业的沟通，能够为整个规划项目提供依据；与水工专业的沟通。结合水利水电工程规划建设，要结合环境保护工作，有针对性的勘察地址和相应的建设线路，确保整个环境保护工作有序开展。进行水利水电工程规划中，要结合项目建设需要，有针对性的安排和规划下方环境的保护工作，有针对性的做出相应的设备调整和规划建设；与施工专业的沟通。水利水电工程规划建设中，要加强与施工专业的沟通，从实际的环境保护出发，确保整个施工建设工作能够更好地发挥出节能环保作用，有效的优化和做出相应的优化设计；与建筑专业的沟通。水利水电工程设计中，要结合实际的美学理念对工程进行建设设计；与移民专业的沟通。水利水电工程设计要加强与移民专业的沟通，结合实际的环境保护工作，积极做好移民地区的安置和居民生活垃圾及废水的处理工作；与概算专业的沟通。从实际的建设设计出发，加强与概算专业沟通，从而更好保障工程概算中包含的对保护环境的投资。

重视设计细节。水利水电工程建设是其核心内容，对工程质量起决定性作用，一些设计上的细节改变，就会影响工程环保效果。因此，要重视工程设计细节，强化维护和策划机构的合作，符合人们的要求。编制工程项目建议书，需要明确开发过程是否受到环境制约，为工程立项提供依据。在工程可行性研究阶段根据环评报告和参考依据，掌握项目可能对周边生态环境

造成的影响。工程初步设计阶段，要评估环境保护的策略，以及在工程建设中的成本比重，然后在文件评定上进行大致描述，若是文件中的某些做法不符合文件评定的要求，那么根据审核意见修改和调整设计。在技术施工阶段，基于初步设计评定和审核建议基础，把握项目建设中关于环境保护的设计和投资方案，这一环节需要设计与施工部门共同配合落实。

加强设计单位与建设单位之间的沟通，设计过程中，需要结合实际的施工建设工作做出相应的调整，所以就需要加强与施工建设单位间的沟通联系。一般来说，不同的机构对环境保护的认识有所差异，在实际的设计中要，结合环境和景点以及生态环境的不同需要，结合实际的建设规划利益做出相应的建设规划调整。所以涉及设计机构可以通过交流沟通或者是提议的方式来加强施工建设单位对环境保护工作的认识，从而有序在实际的施工中加强环境保护工作认识，确保整个环境保护工作质量越来越高。

综上所述，水利水电工程建设过程中要注重融入相应的环境保护意识，确保水利水电工程发挥出生态环境保护作用。水利水电工程设计注重环境保护符合我国法规和政令规定，能够更好完善服务于业主，推进该行业高端领域发展的进程，提升环保设计领域的工作效能，极大提升设计成果的实效。结合水利工程建设对自然环境的影响，在实际规划设计中要将保护生态环境的理念贯穿于整个工程建设期间，并加强与环境专业和非环境专业、与环评单位之间的沟通、建设单位之间的沟通、与技术评审专家之间的沟通，更好地发挥出环境保护作用和效益。

第三节　提高水利水电工程的设计质量

水利水电工程是我国的重要发展项目，这些年来，我国对水利水电工程的建设十分重视，基于此，我国水利水电工程的数量以及规模都有了很大的提升。水利水电工程建设可以推动我国社会经济的发展，在这些年来，这种左右尤为明显。水利水电的发展为很多行业提供了发展所需要的大量能源。不过，要想提升水利水电工程的质量，首先就是要保证其每个阶段的工作质量。在水利水电工程的建设中，设计工作是非常重要的，这也是水利水电工程质量提升的前提基础。现阶段，我国水利水电工程项目设计工作中还存在不少问题，比如部分设计人员为了个人利益，忽视了设计的细节和质量，过于追求速度，从而导致设计方案的质量下降，这对于水利水电工程的建设有着十分不利的影响。本节对提高水利水电工程的设计质量展开分析，并提出相关解决策略。

当前，我国社会的经济不断发展，人们的生活质量得到很大提升，这也让他们提出了更多的需求，这也让水利水电工程有了很大的发展，不论是数量还是规模都得到了不小的扩张。不过比起那些发达国家，我国的水利水电工程在设计方面还有着不少的问题，更何况这些年来，有关水利水电工程的安全事故多起发生，这也让更多人开始对其关注。具体来说，我国水利水电工程还存在设计人员素质偏低，缺乏责任心，设计工作过度追求速度从而忽略其中细节和质量，不仅如此，水利水电工程的监控工作也显得形式化，设计方案还存在不符合实际情况的问题。要想避免这些问题出现，就需要提升设计人员的素质，对他们加强相关的培训，让其能够认真负责的展开设计工作，还需要对工程监控进行完善，合理的展开竞争，如此就可以提升水利水电工程的质量。

一、当前时期项目设计过程中存在的问题

设计单位过于混杂，根据有关的研究可以发现，现今我国水利水电工程项目的设计工作中还有着不少问题，其中十分严重的就是设计单位复杂，这是因为在利益的驱使下，出现大量不具备合格能力的企业参与到水利水电工程项目设计工作当中，这些企业的员工的能力和素质是缺乏保障的，如此，便会导致项目设计工作出现大量问题，不仅会浪费大量的资源，严重的还会威胁到工作人员的生命安全。

团队之间欠缺沟通。水利水电工程项目的设计要想顺利地开展，其关键前提就是要有一个高质量的团队。不过从现在的实际情况来看，水利水电工程的团队成员互动并不多，这样就容易让彼此的认识出现偏差，从而导致完成的设计方案出现漏洞。不仅如此，有关的专业人才也不多，有的时候为了保证低成本的设计，故意对一些设计问题简单的处理。除此之外，作为设计人员，其严重缺乏责任心，有的设计人员甚至为了自己的利益进行错误的设计，还有一些设计人员并不是没有提前进行施工现场的考察，这样就无法结合实际情况来设计，其完全是通过自身的想象进行工作的，这样就会导致设计方案与实际情况不符。

对质量缺乏认识。根据相关的分析可知，现阶段的水利水电工程之所以出现大量的问题其关键是因为有关的工作人员并没有深刻的意识到质量的重要性。对于水利水电工程项目而言，必须在设计的过程中对其中的细节问题进行深入的思考。不过，从现今的实际情况来看，不少的设计人员为了自己获得更多的利益，从而追求设计的速度，忽视了水利的细节和质量。不仅如此，还有部分人员过度的在乎建设速度，正是因为这些错误的思想观念，从而致使现在的水利水电项目的审核形同虚设，只是走过场的形式化。水利水利工程的质量本就不是很好，这样其审核工作就变得十分重要，如果连审核都变得形式化，只会导致设计方案的质量更差。根据一些案例的分析可以发现，有一些人员其实是知道设计方存在质量问题，但其还是将其执行。这样做很容易导致水利水电工程施工中出现问题，造成成本浪费，而工程建设完成后与当时预期的也会存在不小差距。

图纸细节方面处理不当。不管是什么项目要想顺利的展开，都需要提前做好图纸。水利水电工程更加需要图纸。图纸的作用就是用来指导水利水电工程的施工，因此，在图纸的设计当中，必须重视细节方面。现阶段，我国水利水电工程项目的设计当中都有着一个问题，那就是设计过程中对细节过于忽视。还有的设计图纸并不规范，在标注方面存在缺陷，不仅如此，部分图纸没有相关的说明，正是因为这些问题的存在，才导致水利水电工程项目的难以顺利展开。

二、提升水利水电工程设计质量的策略

积极开展监管工作。现如今，我国水利水电工程项目的设计工作还有着一个非常严重的问题，那就是设计机构十分的复杂。因为利益的关系，不少缺乏相关能力的企业也参与到水利水电工程项目的设计工作当中，这样就会导致项目设计的质量大幅度下滑，从而引发大量问题，对于这样的情况，相关部分和人员必须加强监管。对设计行业进行大力的整顿，对于其中出现的问题，必须及时的处理，还需要保证市场的公平竞争，对于初期的招投标工作中出现的暗地操作的行为必须展开严厉的打击。

提升设计人员的责任意识。要想根本性的解决水利水电工程项目的设计问题，其关键还是在于设计人员本身，这是因为涉及人员本身的素质和能力对水利水电工程项目的设计起到了直接性的影响，左右了设计的质量。所以，现阶段第一要做的事情就是加强设计人员的责任意识。不仅如此，还需要对设计人员的能力不断地展开审查，并且根据实际需要开展相关的培训，如此，便能够保证设计者树立深刻的责任意识，通过这些措施，就可以防止设计人员设计工作缺乏规范的情况出现，设计人员并不会单纯的凭借自身的想象进行设计工作，如此，就可以避免设计方案完成后与实际情况出现不符的现象发生，进而避免了资源浪费。这样才可以从根本上提升水利水电工程项目的设计质量，建设出高质量的水利水电工程。

提高服务意识。因为施工单位无法和业主进行有效互动，这样很难进行友好的合作，要想解决这个问题，关键就是要提升其服务意识，让施工单位能够从业主的角度思考，从而达成合作共赢的局面。施工单位需要根据设计单位的设计方案展开施工，如果设计方案会对业主的利益造成损害，施工单位难免会和业主产生矛盾。这就需要施工单位在水利水电工程设计的过程中不断地和业主进行良好的互动沟通，并且提升自身的服务，还需要将各种利益因素进行综合考虑，站在业主的角度思考其需求，努力做到合作共赢。

总而言之，如今的水利水电工程正处于飞速发展的重要时期，水利水电工程对于我国社会的经济发展有着十分重要的作用。水利水电工程具有大规模、施工条件复杂等特点，在其相关的设计工作遇到了不少的困难。因为实际当中各种因素的影响，我国的水利水电工程项目在设计中有着不少问题。其实这些问题都是可以解决的，对水利水电工程设计中存在的问题进行深入的分析，就可以采取针对性的策略解决。首先，相关的部门和设计人员必须对其给予足够的重视。不仅如此，我国政府还需要认真的将监管工作务实到位，不仅如此，相关的设计人员也需要认真负责地完成自身的设计方案，如此，一定会让水利水电工程项目的设计方案拥有不错的质量。

第四节　有效提高水利水电工程设计水平

在水利水电工程项目的开展过程中，设计水平是其中最重要的部分。设计水平的高低决定了水利水电工程项目是否能够有效开展。本节提出影响水利水电工程设计水平的相关因素：设计前期的相应规划；所有设计方案的详细对比；设计过程的质量管理；专业的设计师团队。结合这四个因素，分析得出如何有效地提高水利水电工程的设计水平。期望本篇文章能够给水利水电相关部门在开展项目时作为参考。

国家水利事业的发展得益于水利水电工程建设的发展。水利水电工程建设有其特殊性，如施工难度大、工期长、涉及面广等，正是由于这些特点导致水利水电工程设计难度增加。那么，分析水利水电工程设计水平的影响因素对于提高工程设计水平而言就显得尤为重要，经过分析相关影响因素得出的提高水利水电工程设计的方法也更具有科学性。

一、影响水利水电工程设计水平的主要因素

是否在水利水电工程设计前期做好相应规划。任何一项工作的开展，都要以良好的规划为前提。对于水利水电方面的工程设计亦是如此，只有在项目设计前期先做好相应的规划，才能让接下来的设计顺利进行，保证工程按部就班地开展。具体来讲，水利水电工程项目建设地区的地形结构、土地特质、天气情况、周边居民的要求、水源等都需要做好提前调查。调查过程要注意详尽和细致，将调查结果整理分析，给工程整体规划提供依据。

是否对比设计方案。工程设计过程中，需要综合多方面观点，切忌"一言堂"。因此，在水利水电工程设计过程中，要准备多个设计方案，并且将设计方案对比分析。找出最适合的方案。当前一些单位在实际设计过程中，考虑到成本和工期等方面的实际要求。在进行工程设计时，只按照现有情况做出一个相对比较合适的设计方案，之后就开始正式的工程设计。但是由于该设计方案没有经过多方面的对比，导致难以找到最适合的设计方案。众所周知，在工程建设过程中，设计方案是最重要的一步，因为设计方案的好坏能够直接决定工程的成败。所以，为了进一步提高工程设计水平，就需要在设计初期，由多个设计团队分别独立做出设计方案，再将所有设计方案对比分析，找出最适合本项工程的方案。

是否做好设计过程质量管理工作。做好充分的质量管理能够保证水利水电工程设计的顺利进行。在实际设计案例中，许多单位为了追求工程建设的速度，盲目加班加点，忽略细节，导致工程质量不佳，甚至出现危害群众生命财产安全的问题。另外，在对于设计方案的评估过程中，很多单位或个人也没有引起足够的重视，管理不力，导致一些存在细节问题的设计方案过审并最终投入建设，造成隐患。

设计师是否足够专业。水利水电工程的开展离不开人的主导，对于整个工程设计阶段，设

计师的水平高低直接决定工程开展是否顺利。一名优秀的工程设计师不仅需要对各地的水利水电案例有足够的了解，还要对于水利水电工程有足够的研究。

二、提高水利水电工程设计水平的主要途径

积极开展前期设计阶段的现场调查工作。"实践出真知"，在做任何一项决定之前，充分了解相关信息才能提高决定的正确率。对于水利水电工程的设计阶段也是如此。在开始投入设计之前，对于有可能对工程建设产生影响的所有因素都做好调研。调研方法有许多种，常见的有实地走访调研和网络调研。选择了恰当的调研方式后，就要按照该调研方式的要求开展调查，水利水电工程项目通常采用实地走访现场调查的方式。

需要注意的是，在整个调查过程中，确保数据的真实性和有效性。需要分小组进行调查，每组选出固定人数，将调查地区分成一个个区域，由专人负责。每一个小组在规定时间内，将小组内所负责的调查区域调查完毕后，记录数据和检测结果，最终汇总所有调查区域的全部数据。

为了保证数据的有效性，需要由工程设计负责人对调查区域进行抽样走访、二次调查，将调查数据与初次本地区调查数据进行对比，测试调查结果是否真实有效且可用。例如：某地区出现污水排放难的问题，污水随意排放导致农田被毁，群众生活用水收到污染。为了解决这个问题，该地区环境保护部门联合工程建设部门决定在该地区郊外的污水处理厂周边三公里处开凿一条污水流通通道。这样在市中心排出的污水就能够通过这条通道直接流进污水处理厂，提高了污水处理厂的工作效率，也保障了人们的生活环境。该项工程在正式开展之前，工程部门需要派遣工作人员做好现场调查工作。主要调查的方向有：本地区污水主要由哪些企业或小区排放、污水的主要成分有哪些、污水处理厂周边是否有常住居民、建造污水流通通道会占用哪些土地、建成通道以后会不会破坏周围人的生活环境、需要建立的污水流通通道的长度和宽度、初步预计需要的经费是多少等等。

取得调查数据之后，要做的是对于数据进行分析研究。把经检验真实有效的调查数据提交给工程负责人后，负责人将所有数据通过统计图进行对比，找出其中的共同点和不同点，做出项目可行性分析报告，保证项目的设计具有科学性。

做好设计方案的对比工作。仅运用一套设计方案来指导工程建设较为片面，为了保障水利水电工程的设计水平达标，从多套设计方案中得出最优的一套是最正确的做法。在历经前文中的现场调查后，设计团队对本次水利水电工程项目开展的优势和劣势都有了较为详尽的了解。接下来就是撰写设计方案。水利水电工程往往耗时长、花费高、社会重视程度也高。因此，在设计方案的提交这一步骤，要"汲取众家所长"，选择多个设计团队或设计师来撰写方案并提交。

在进行设计分析对比过程中，需要注意以下几点：第一，在进行多套方案对比时，切忌偏颇，要站在公平公正的立场上展开分析，无论设计方案的作者和出处是哪里，都要从方案本身出发，防止因其他外在因素，导致真正的好方案被埋没；第二，在对比评估一套方案时，要从整体进

行考虑。没有一套方案是完美无缺的，所以不要只关注方案的优点或缺点。要结合之前的调查结果和水利水电项目开展的实际情况，对设计方案做出整体对比；第三，要有重点，根据本次水利水电工程的目的和意义来进行评估，重点关注设计方案是否能够达到工程设计的初始要求。

例如：某市由于地理位置和气候原因，常年多雨，经常出现城市内涝的情况。同时，由于该市市中心处有一条宽阔的河流，每年一到雨季，就容易出现水位上涨，洪水泛滥的问题，严重威胁人们的生命财产安全。因此，该市决定，在沿河区域建立堤坝，防止河水暴涨漫延到马路上，影响行人出行和行车安全。经过现场调查后，无论是从地理位置还是资源配置方面来进行评估，建立堤坝都较为可行。因此相关部门开始征收设计方案，主要是对设计部门提出要求，每一个设计小组都需要撰写一份设计方案上交审查。另外，在部门官网上发布公告，向全社会公布此项工程的详细消息，向社会上有设计才能的人发出邀请。

做好设计过程质量管理工作。严格把控设计质量能够让工程的设计更加合理，方便之后工程项目的顺利开展。对于水利水电的工程设计来说，质量远比速度重要，如果空有设计速度，忽视设计质量，会导致设计师在撰写设计方案时，为了节约时间，对于方案中一些细节不经推敲或不查阅足够的资料，直接按照自身直觉或以往经验来撰写，导致设计方案最终被舍弃。或者一旦工程部门采用这样不够完善的设计方案来展开项目，很有可能导致工程质量下降，不仅达不到工程建设的初始目的，还会劳民伤财，甚至危害群众生命财产安全。

想要做好设计过程的质量管理工作，需要做到以下几点：第一，选择合适的管理人员。需要注意管理人员的选择要与设计师的选择分开，参与设计的部门不参与质量管理工作，这样做的目的是为了发挥质量管理的作用，保障权利不被滥用、混用。注意通过多种方式对质量管理人员进行选择，可以在与本次工程相关的所有部门中进行筛选。对质量管理工作有意向的员工投递简历，上级领导通过综合平时表现，工作能力，设计水平和工作经验等多方面因素，选择合适的人员参与质量管理。

第二，管理人员做好相应质量管控工作。在确定了质量管理相关负责人的人选之后，正式开展质量管理工作。质量管理除了时刻关注设计团队的设计进度、有无问题、是否作弊等方面，还要对于设计方案做出基础审查，发现一些明显的问题要及时反馈给设计团队，防止在后续的设计方案分析对比中失去竞争力。在进行正式的质量管理工作之前，做好质量管理人员工作规划和章程，规划中要明确质量管理相关工作人员的基本信息、每日工作时间、工作周期、允许与设计团队交流的内容、质量管理汇报时间等。管理人员按照相应规程行使权力并承担责任。这样做能够让管理管理人员发挥其真正的作用，也保证了设计环节的公平。

提升设计人员素质。一套设计方案是否优秀，取决于设计师的水平是否优秀。水利水电工程项目要想拥有良好的设计方案，就要拥有优秀的设计人才。为此，工程部门要提高对设计师的要求，全面提升设计人员的专业素质。提升设计人员的素质主要分为以下两个部分：精神态度和专业能力。

对于精神层面的培养，主要依靠宣传教育来提高。例如：某省会城市政府工作报告会议上指出，下一年度决定在水电水利方面开展工程。该市水利部门听从上级领导的指示，在机关内部针对设计部门开展为期一个月的《培养设计意识，做好精神文明建设排头兵》主题学习活动。这一个月的学习，主要分为：理论学习、互动交流、课后检测三个部分。理论学习阶段，主要通过上课进行，邀请设计部门的老员工，老骨干和获得设计奖项的人才作为老师，上台演讲，讲出自己对于设计的理念，给台下的设计师们以参考；互动交流阶段，主要由参加学习培训的全体设计师们进行分小组交流讨论，分别讲述自己所设计过的案例和自己的设计经验等。将互动交流的经验编辑成书，分发给设计部门的每个员工；课后检测阶段，开展本阶段学习成果的测评活动，检测一下大家对于知识的掌握程度，同时对本次学习进行总结。

对于专业设计技能的培养，可以采用派遣设计师代表外出学习的形式。联合周边各个省份的相关设计部门交流学习，通过各省份交流学习，能够帮助设计师开阔视野，了解到更多设计案例，提升自己的设计经验。

水利事业一直是我国一项重要的产业，而水利水电工程又是水利事业中最重要的部分。在水利水电工程总建设过程中，设计部分占据主导地位。提高水利水电工程设计水平能够保证水利水电工程项目有序开展，达到初始设计目的。

第三章　水利水电工程施工的基本理论

第一节　水利水电工程的施工技术及注意问题

随着我国市场经济的快速、稳定增长，国家在不断地加大基础性的水利水电工程建设的投资力度，在一些大型的水利水电工程中，工程的施工质量受到多方面因素的影响。本节就对水利水电施工中的常用技术进行简单分析，并简单探讨水利水电施工技术中应该注意的问题。

一、水利水电工程施工技术的分析

大面积混凝土的碾压技术。在水利水电工程施工过程中常会遇到大面积的混凝土碾压，通常碾压的混凝土主要有三种分别是高粉煤灰掺和混凝土、贫碾压混凝土以及砂卵石和水泥掺和混凝土。这些碾压混凝土的主要特点就是里面掺入了许多的粉煤灰而很少砂卵石和水泥掺和混泥土中水泥的含量却，骨料以及含砂率等的直径较小所有混凝土最终的合成物均比较黏稠。在进行混凝土碾压时主要是根据碾压和运输等具体情况，选择薄层碾压施工的方法。通常这样的碾压不仅施工速度快而且不会对混凝土的强度产生影响还能够很好地改善层面，因此其经济效益较好被广泛应用于水利水电工程中的大面积混凝土施工。

水利水电工程施工中的围堰技术。在水利水电工程的施工过程中，通常会压到施工导流技术，这是在基础设施施工过程中非常常见的一种工程措施，在应用施工导流技术的过程中，应该根据工程施工的特点，规划出严谨的施工导流方案，只有保证了施工导流的质量才能使整个工程的施工质量得到有效的保证，这对于之后的工程施工及工程应用具有非常重要的影响。在施工导流工程中应用围堰技术，是提高施工导流工程质量的一项有效的措施，其主要的实施方法是：在施工的过程中，根据工程的需要，修建一定的挡水建筑，将地面上的水进行引流，防止水对水利水电工程的施工产生影响，因此，在修建围堰的过程中，设计人员应该综合的考虑围堰的抗冲击能力、防渗透能力等各种能力。

水利水电工程施工中的坝体填筑施工技术。在水利水电工程的施工过程中，经常需要进行坝体的修筑，而这项施工技术中的重要的施工内容就是要进行坝面的流水作业，其主要的施工流程为：首先要根据实际的工程需求，对流水作用中的工作段及工作方向进行合理的划分，在保证坝面施工的施工面积的前提下，要严格按照相关的施工规范来进行施工，施工过程中的长度及宽度要能够满足相关的要求，要保证碾压的机械能够进行正常的施工，并且能够进行正常的错车，一般情况下，坝面的长度是在 40 米到 100 米之间，其宽度一般是在 10 米到 20 米之间。施工的过程中确定出合理的坝体填筑工序也是非常重要的，在此过程中需要着重考虑的主要的影响因素有施工季节、铺料方式、填筑面积等。对坝体的填筑时间进行较好的控制也是非常重要的，这能够有效地减少施工过程中的热量的流失，在流水作业完工之后，必须计算出单位时间内的工序数目及工作量。

水利水电工程施工中的上坝路面硬化技术。首先在进行路基的施工时，应该做好路基的压实、测量放线、土方回填等工作，在开始路槽的开挖工作之前，必须要对相关的施工参数进行有精确的计算，使施工中的环境能够较好地满足泥结石的铺筑要求，只有对路基的施工质量检测合格之后，才能开始下一道工序的施工。在泥结石路面的施工过程中，碎石的铺倒一般会选择自卸车辆来进行施工，在碎石的摊铺工作中，要对摊铺厚度进行严格的控制，每完成一段摊铺工作，要对其厚度进行检查，保证摊铺的厚度及均匀性，等碎石的铺筑工作完成之后，可以开始土料的铺筑工作，然后进行碾压工作。在进行砼道缘的埋设工作时，首先应开展测量放线工作，放样定线工作一般会选择在泥结石路面的两侧进行，挖槽工作一般采用人工的方式来进行，开挖的深度要达到相关的设计高度，只有挂线、打桩工作完成之后，才可以进行道缘的安装，砂浆一般是选择在现场进行拌和，安砌工作完成之后，要及时地进行覆盖及洒水养护工作，砂浆凝固强度满足要求之后，才能进行土方的回填。

二、水利水电工程施工中应该注意的问题

在开始土石坝施工之前应该做好相关的准备工作。在进行土石坝施工的过程中，充足的准备工作是非常必要的，在开始施工之前需要对料场进行合理的规划，这对于整个工程的造价、工期、施工质量等都有着重大的影响，并且施工的过程中势必会对周围的环境产生影响，为了施工的过程中能够达到相关的施工标准，必须在施工之前根据相关的设计图纸，根据施工现场的实际情况，进行科学合理的料场规划。

应注意土料压实工作中的相关技术要点。在水利水电的施工过程中，压实是一项非常重要的工序，首先应该根据实际的施工要求，选择合理的压实机械，必须根据施工作业面积、施工强度、筑坝材料性质、填筑方法、土体结构状态特点等，对压实机械进行恰当选取。同时，一定要根据施工现场的特点，对施工过程中的含水量、压实干表观密度等参数进行严格的控制，尤其是在应用砂土等材料进行施工时，要对其填筑密度进行严格的要求，使其能够满足相关的施工指标，保证施工过程中的质量要求。

安全问题。在水利水电工程施工过程中，保证施工人员的安全是工程施工中应该注意的首要问题，这也是保证水利水电工程顺利施工，为社会经济的发展做出贡献的最基本的保证，水利水电工程的施工与其他行业的施工相比，属于工程事故多发行业。

环境保护问题。如果在工程施工的过程中，不重视对自然环境的保护，就会加剧自然灾害

的发生，这与水利水电工程施工的本意是不相符的，因此，在水利水电工程施工的过程中，注意环境保护问题是非常重要的。首先，在水利水电工程施工的过程中，应该与相关的生态环境保护工作进行良好的结合，对于与环境保护有关的问题，应该在施工的过程中协调好各方面的关系进行妥善的解决，严格地按照国家的相关施工标准，尽量减少施工过程中的噪声污染及大气污染。

　　水利水电工程是关乎民生发展的工程项目，在其施工过程中采用先进的施工技术，保证工程的施工质量是非常必要，本节就结合水利水电工程施工的特点，对其中主要的几种施工技术进行了简单分析，并水利水电工程施工过程中应该注意的主要问题进行了简单的分析，对于水利水电工程施工具有一定的参考价值。

第二节　水利水电工程施工难点与要点

　　为了提高水利水电工程施工水平，要重视结合实际，不断总结有效的施工技术。通过本节的进一步研究，提高了对于水利水电工程施工技术的认识，希望能够不断提高水利水电工程建设能力。

　　在有效的分析水利水电工程施工过程，要重视结合施工难点，有针对性对其施工技术要点进行阐述，从而保证水利工程建设效率。为了保证工程建设质量，在有效的分析其技术过程，要不断进行创新与实践，从而才能保证技术应用水平不断提高，进一步为水利水电工程建设提供有效保证。

一、水利水电工程施工的难点

　　水利水电工程顺利完工需要众多因素作为保障，其中最重要的一点是重视技术的质量性，以此保证工程稳定安全，但实际施工中，难以控制因素诸多，施工的不确定性，大大增加了水利水电工程的施工困难。具体施工时，常常会无法保证某项操作的可预估性，增加临时难点，增加施工难度。如：在某施工进行过程中，因社会背景的转变，时间的变化，或是区域之间产生差异性，不同水流域之间变化等种种因素的转变，都会增加施工难度。除此之外，在工程进展过程中，人为因素、自然因素等都会对正常施工造成一定的阻碍。同时水利工程修建耗时长、操作复杂、工序繁多，在施工中极易发生与原设计相差甚远的实际现实情况，因此需要施工的有关工作人员及时对施工方案进行调整、修订，对计划进行不断的变更与优化。

二、水利水电工程施工技术的要点

　　对坝体进行填筑的技术。水利水电施工过程中，需要对坝面进行流水作业，此项技术称之为坝体填筑技术。其主要内容包括：第一，对工程施工进行科学合理的设计，按照图纸对坝面进行整体划分，为流水作业做准备，合理划分具体施工方向、具体施工段长度，以坝面面积为基础对相关作业区域进行划分。第二，保证坝面划分符合工程施工时设备运行的条件要求。通常情况下，需要根据施工要求合理设计坝面宽度，保证其超过最小压实设备的宽度。一般将坝面宽度控制在15米左右，长保持为40-100米之间。第三，根据设计要求、施工标准，对施工内容进行规划，合理安排施工工序。施工工序需要根据坝体具体情况、填筑面积需求、填筑辅料、坝体铺料施工季节、施工强度等而确定。第四，水利水电施工中，要控制不同工序的工作时间，注意不同季节同一操作工序的能量、能源消耗情况，如：夏季、冬季不同热量损耗等，进而有效保证施工作业的循环时间。第五，除上述注意内容外，需要对填筑技术进行把控，保证其符合标准操作规范要求，质量保障。

路基的施工技术。完成基本填筑工程后，需要对坝面路基进行施工，在此操作中需要注意：第一，完成填筑操作后，对坝体路面进行清除整理，可采用机械化清扫的方式对路面除杂，利用推土机对路面路基进行压实。第二，完成路基清理、路面压实后，需要测量路基整体长度及时放线，为回填土方做足准备。第三，进行路面回填，此时需要开挖路基路槽，根据工程基本操作规范、实际要求，保证每道工艺、每项操作的质量。夯实基础、避免出错、保证铺垫质量。第四，完成路基施工操作后，及时对路基进行验收，由相关部门仔细检查施工质量，质量过关后才可进行后续操作。

淤泥质软土处理。在进行路基施工时，需要对不同土壤软土采用不同的施工技术。具体包括：

第一，处理淤泥质软土。主要指对承载力不强、压缩性较强、抗剪程度较低的土质进行处理，包括淤泥质土、腐泥、泥炭等，此类土质含水量较高，均处于软塑、流塑状态，因质地较软，易发生滑移、膨胀、高压缩变形、挤出等问题。由此可见，此类土质施工过程中，易发生建筑物不稳定等问题，需要对其进行必要的处理。当水利施工作用在淤泥软土地质上时，其稳定性欠佳，难以排出所含水分，此时需要：利用置换砂层、铺垫砂层等方式进行排水；清除淤泥开挖土槽、抛石挤淤；修建砂井及时排水；扩大建筑物地基，利用桩基方式保证地基稳定性；控制其上部建筑物的加荷速度，利用固结方式将地基水分排出；采用反压护堤平台等方式进行层土镇压；利用侧向填石填砂的方式夯实地基，或封闭处理板桩墙加固稳定性，预留可能出现的不良地基沉陷量。

强透水层的防渗处理。在堤坝修建过程中，另一类常见土壤地质包括砾石、刚性坝基砂、卵石等等，其均有较强的透水性，抗压力较大，对上部建筑物的稳定性有加大影响，甚至会因大量耗水形成管涌现象。常用开挖清除的方式结合防渗处理，增加建筑工程的稳定安全性。常见的强透水层防渗处理措施包括：以清除砾石、卵石、基砂为基础，随后进行粘土、混凝土回填，造筑截水墙，随后以回填的方式构筑防渗墙。在喷射水泥时，可采用高压灌浆喷射的方式进行防渗墙的修建，延长处理可渗路径，同时设置一定的反滤层，保证反滤层质量，增强地质土层的稳定性。

对坝体的路面进行施工的技术。完成路基施工操作后，需要对路面进行施工。此时需要注意：第一，对材料比例进行控制，对运输车辆路程、路线、进场顺序等进行安排布置，合理按照不同材料的需求按比例进行卡车装载，倾倒材料时要注意避免引起较大的尘土飞扬。第二，在完成卡车倾倒后，及时安排推土机进行压实、摊铺工作，摊铺路面，组织工作人员对路面进行厚度检查，保证其石料层厚度符合标准要求，完成此项操作后才可进行路面土体填满、路面洒水等操作。第三，完成上述操作后，通过人工作业方式，结合机械式压实方法，对路面坝体进行整平，保证压实质量。

大体积碾压混凝土技术。大体积碾压技术是现代化新兴技术，其自应用推广以来，备受关注，此技术主要是以干硬性贫水泥混凝土作为原料，掺杂硅酸盐水泥、其他材料等根据性质变化制作干硬性混凝土。具体施工过程中，使用与土石坝施工所需相同的设备，以振动碾压的方式进行路面夯实。此技术主要是利用干硬性混凝土体积小，强度高的特性，增加施工的高效性，同时此技术经济实用性强，可应用在不同土质中，应用率较高。

施工的导流和围堰技术。水利水电工程施工中，需要对闸坝进行施工，此时需要应用施工导流技术。施工导流技术是水利水电工程施工中常见的决定质量的技术之一。常见使用修筑围堰的方式处理施工导流中常见问题，进而保证工程质量符合标准要求。在修筑围堰时，因部分工程需要在地面上修筑可挡水性临时建筑，因此需要全面、仔细地考虑围堰建筑的复杂性、稳定性，进而减少水面降低、水流增加、水速加快等因素对围堰的冲击。在实际施工中，水利水电工程会因自然因素等改变施工进度，增加造价成本，因此需要根据当地的实际施工情况、具体环境条件等科学地进行倒流施工，保重施工按计划进行。

水利水电施工技术还需要注意下面问题。在进行水利水电施工时，应注意：第一，填筑坝体时需要对工序环节进行合理规划，全面掌握具体坝体用料，在施工开始前做足充分准备，科学规划，做到事半功倍；第二，填筑坝体时，需要对原料运输进行合理设计，保重运输设备的适应性，从经济实用等原则出发，发挥运输设备的价值，为施工正常运转提供保障；第三，压实路面、路基，考察原料空隙率，严格对每项操作进行质量检查，达标后才可进行后续操作。

总之，对于水利水电工程施工而言，外界干扰因素、施工工期和环境保护工作等方面带来的施工困难是施工企业需要克服的重大课题，要求施工人员必须熟练掌握各项施工技术要点，尤其需控制好一些重要事项的施工，全面保障水利水电工程顺利施工。

第三节　水利水电工程施工质量控制

在国家建设中，水利水电工程是十分重点的项目。施工质量控制及管理与水利工程实施及运行状况具有十分密切的关系。在总体上水利水电工程具有良好的发展态势，但在一些方面也难免存在问题和不足之处，对于水利水电工程及其行业发展具有一定阻碍作用。本节阐述了水利水电工程施工质量控制及管理的有关问题，对于水利水电工程的发展具有一定的促进作用。

随着经济的快速发展，水利及水电在各行业中得到了广泛应用，许多国家对水利水电工程的重要意义都提高了重视，在对工业发展中也加强了水利水电工程建设。为此，应对目前工作中存在的不足之处深入了解，在有关工作细节方面不断完善，采取有效措施使一些意外风险及安全隐患得到规避，确保工程建设质量水平，使其使用年限得到延长，进而促进水利水电工程建设的健康发展。

一、水利水电工程施工质量控制管理中的常见问题

人员素质不高，整体水平存在较大差别。水利工程建设人员素质对于工程建设具有重要作用，但在水利水电工程建设实际中，普遍缺乏高水平的专业人才。很多管理者及施工人员不具有先进的工作思路及管理经验，专业指导不足，只是依靠经验工作，不只是个人生命安全难以得到有效保障，施工质量也更是如此。导致该问题的原因与目前的人才培养措施存在一定关系，尽管有关院校开设相关专业，但刚毕业的大学生就参与工程一线工作还存在一定难度，为使水利水电工程施工人员提高素质，还应建立比较完善人才培养制度。

缺乏较强的质量安全意识。不仅专业施工技能不足，在思想上对工程质量监督管理的意识不强，也造成工程质量隐患较多。诸如定期维修检修设备，很多工人认为在规定使用年限中施工设备安全，所以平时不重视设备维护，但地质条件及极端天气特殊将造成设备在施工现场罢工，而产生该问题将影响施工进度，后期为追赶进度将对质量控制标准放宽。影响工程整体质量，不仅及时维护设备，按照有关施工标准落实监督细节，也是确保工程质量的有效手段。

水利工程方案设计与实际脱离。在水利水电工程施工前应制定经论证过的相对完善的施工方案，保证各工程环节具有可操作性，以便于正式动工。在施工方案中明确界定各部门的施工职责，不只是实现相互监督，还使工作人员在各环节上了解其重要意义，但目前很多施工单位在水利水电工程中对这些工作的重要性不够重视，在设计方案过程中未经实际考察就定型方案，采用比较陈旧的参考数据，未及时更新完善，将在施工中产生很多问题。工程方案应注重实用性，但很多水利水电工程施工过于重视外观效果，对其内在稳定性忽略，难以确保后期工程质量与安全。

风险评估工作有待于加强。在施工中应将风险评估工作在各阶段中落实，在选址、选材过程中严格遵循质量至上原则。但在实际中很少有施工单位认识到其重要性，风险评估的粗放式，对工程产生了质量安全隐患。近年来随着日益严重的竞争，影响了水利水电工程。施工材料供应商通常选择成本降低方式使市场占有率不断扩大，导致产品品质受到很大影响。不只是这样，近年来行业中也增加很多不同规模的施工团队，更需要评估其施工风险及加强监督。因此，应将目前落实风险评估不到位的情况明显改善，进而使施工方不断转变经营理念。

三、水利水电工程施工质量控制及管理的核心

控制工程材料质量。通常水利水电工程需很多的建筑材料，由于很多品种及较大的数量，为确保工期一般是在工程中选择多家供应商，但较多的供应商就难以保证整体质量。若量化标准不统一，不只是难以顺利实施后期材料备案和管理，还将对工程造成很大的安全隐患。所以，

应严格把关材料，抽检进入施工现场的材料，检查其国家有关质量标准的相符程度，这都需要专门人员实施，并监督其工作。不只是这样还应注意材料储存的防雨防潮，严格管控危险品，以免产生重大安全事故，确保施工过程稳定，进而使总体质量明显提高。

开展混凝土浇筑质量。浇筑混凝土在水利水电施工中十分重要，在此过程中应对混凝土混合比重严格控制，此外，还应在施工现场分布位置中，合理进行混凝土搅拌设备及人员布局，确保向各施工点供给混凝土。浇筑混凝土前做好检查，查看浇筑面清洁度，将危险施工区域中存在松动岩石或地表裂缝的排除，在最大程度上确保混凝土施工质量。

施工质量控制及安全的完善措施。一是对工程质量管理制度不断完善。统一二作量化标准，对工作人员行为进行约束，使工作内容明确，工作效率提高，确保工程质量。工程质量管理制度应结合工程实际，不可以偏概全，对特殊情况具体分析，使施工人员在各环节中落实好工作细节。定期检修维修施工现场机械设备，使检测频率提高，检测范围扩大，以免发生安全事故。二是实施施工准入证制度。界定行业内施工条件及水平，在政策上提供支持，严格按照有关标准施工。为工程施工安全提供保障，减少因发生意外事故导致的巨大损失。三是建立竣工验收备案制度。有关资料可在发生意外事故时用于技术支持，使施工中的问题得到妥善解决。对施工方的安全意识进行督促，进而确保工程质量。

综上所述，水利水电工程对于促进经济发展及社会稳定具有十分重要的作用。尽管水利水电工程建设进展较快，但也存在一些不足之处，对于水利水电工程的发展也造成了一定的限制。只有将这些细节不断完善，也可将潜在的风险有效规避，对于水利水电工程质量安全管理水平的提高也具有十分积极地有意义。

第四节　水利水电工程施工质量的因素

随着水利水电工程行业的发展，施工技术和施工材料在不断的革新，工程管理工作也在进一步的深化，水利水电工程建设更加的规范。水利水电工程在不断地成熟，由于其涉及专业较多，工程量大、工期时间长，技术条件和建设条件非常的复杂，地理环境、天气环境、技术人员、施工技术、材料等都会对工程的施工质量带来影响，不利于水利水电工程的健康发展，不利于社会经济的发展。因此，加强水利水电工程施工质量影响因素的分析，有利于促进水利水电工程施工有效开展。

一、水利水电工程施工质量的影响因素

施工的环境。水利水电工程在施工的过程中，露天作业是常态。工程的施工进度和施工方案都会受到施工环境的影响和制约，进一步对工程施工的质量产生影响。水利水电工程施工质量控制的过程中，需要对工程地质进行处理。如气候的变化对施工进度造成影响，恶劣的气候

导致工程进度减缓，对整体工程的质量带来影响，同时如果施工的场地过小，大型设备难以正常的运行，影响工程的施工质量。

施工人员的技能和素养因素。水利水电工程需要建造防冲、防渗并且安全稳定的挡水和排水的建筑，对施工质量有很高的要求。因此，施工人员的技能和素质对工程的施工质量有着直接的影响，施工人员的素质和技能水平低下，难以按照要求完成工程设计，影响工程的施工质量和进度。

施工材料的影响因素。在水利水电工程建设的过程中，原材料的质量对工程施工质量有着直接的影响。如水泥质量不合格，水化性差，安定性弱；粗骨料的直径较大，严重超标，细骨料泥沙含量高，不符合工程施工标准；混凝土配比不合理，强度不符合工程要求，导致混凝土在高温或者低温的状态下性能发生变化；混凝土养护过程形式化，造成混凝土强度降低，出现裂缝现象。在水利水电工程施工的过程中，原材料的质量或者操作使用不合理，给水利工程施工质量带来影响。

施工管理的影响因素。水利水电工程的施工涉及多个部门的利益，影响到社会、经济、生态等因素，工程的施工组织和管理面临复杂的系统，如果难以有效地进行组织和管理，会对工程的施工过程造成影响，难以保证工程施工的质量。

施工工艺的影响因素。水利水电工程在施工的过程中，存在不按照施工工艺标准执行的情况。如水利水电工程地基清理不彻底，对地基深层次情况缺少认识，地基的平整压实仅仅只是简单处理，存在一些地基不牢固的现象。堤身填筑过程中，填筑土料质量不合格，没有进行相应的碾压试验，导致土方填筑压实不到位，不能满足水利水电工程要求。

二、水利水电工程施工质量改善的有效措施

加强人员的管理。在水利水电工程施工的过程中，需要加强对人员资质的审查，提高审查的要求，所有人员必须持证上岗。相关的领导人员应当具备相应的组织管理能力，同时具有较好的文化素质和丰富的工程经验。各项工程的技术人员应当具备专业的技术水平，具有丰富的专业知识和操作技能。相关的工程人员具备相关的执业资格和证书。加强对技术人员和工人的培训工作，促使施工人员素质整体提高，保证工程施工的质量。

加强工程施工的进度管理。在水利水电工程施工管理的过程中，工程进度管理是重要的环节。施工进度的管理对工程施工的成本和质量有着直接的影响，同时对施工企业的信誉和知名度产生影响。因此，在水利水电工程施工的过程中，应当注重工程的进度管理，对工程的进度计划进行细分和优化，加强对施工企业进度计划的审查，并且开展内部讨论，组织相应的分析会议，对工程进度中存在的问题进行分析，采取有效的解决方式。通过这样对水利水电工程路线进行分析和评价，同时能够对整个水利水电工程进行分析，并且责任落实到人。同时建设完善的奖励惩罚机制，加强对工程进度的管理。

加强对施工材料的管理和控制。在水利水电工程施工的过程中，应当加强对其施工材料的

质量控制，工程施工过程中使用的钢筋、水泥、砂石等材料应当按照国家的标准，对其进行取样，相关的部门对其进行认证并且通过反复的试验合格后才能够使用，同时各种类型的钢筋应当对其规格、级别、直径以及报审的数量进行检验，对其各方面证书资料进行完善，保证钢筋的化学成分以及力学要求符合工程的标准，进行相应的抽样试验，确认其冷弯、拉伸强度等合格之后才能够使用。在砖进场时，需要对其生产的厂家、报审的数量等进行核对，严格核实其合格证，以抽样检查的方式对其抗压、抗折的强度以及尺寸等进行检查，保证各方面的标准符合要求，禁止使用生砖或者过火变形砖。在对水泥进行质量检测的过程中，需要对其生产的厂家、合格证书进行检验，同时对水泥的安定性进行检验。并且水泥出厂不能超过三个月，进行抽样检查合格后才能够进场使用。对于不符合标准和不合格的材料严谨在工程中使用，如果发现不合格产品用于工程施工应当立即停止，并且向上级部门报告。

完善工程质量监督管理体系。首先需要对相关的质量管理法律进行构建和完善。政府部门作为水利水电工程的主管部门，应当从实际的情况出发，对相关的政策法规进行制定，对工程质量监督管理机制进行完善，保证水利水电工程的施工质量。然后，对质量的检测系统进行完善。水利水电工程的质量检测对保证工程的质量有着重要的作用。在实际的工程施工过程中，不少的工程并没有建设完善的工程质量检测机制，对工程缺少有效的质量检测，存在比较大的风险，因此，促进施工质量检测系统的完善，保证工程的施工质量。

加强施工技术的管理。首先，高喷灌浆的施工质量控制。在施工的过程中，控制好相应的原材料，水泥在进场时应当对其进行检验，符合要求后才能进场。水泥的存放应当在干燥的环境中。加强对技术参数的控制，对先导孔、浆压、风压、水压以及浆液的质量等进行定期的检查，特别是浆液的质量应当保证其符合施工的要求。同时对浆液的存放时间进行控制。在工程施工的过程中高喷灌浆开展前需要对浆液的比重、钻孔、下管深度等等进行检查，保证其符合工程的要求，保证工程施工的质量。其次，注重回填施工质量控制。在施工前需要做好桩位确定的工作，使用竹签做好相应的标识，对桩位进行反复的检查，减少误差，同时控制好孔斜率。在完工之后，需要对其进行注水试验，检查其抗渗透的效果，保证工程的渗透系数符合标准。最后，在施工的过程中应当避免出现灌浆中断情况，灌浆使用的管材应当保证在标准的范围内，定期进行堵塞情况的检查，避免出现漏浆的情况。采用回旋式孔口封闭器，在灌浆施工的过程中促使灌浆管经常性的活动和转动，同时控制好回浆的浓度和量。施工过程中注重检查工作，避免出现各种类型的事故。

水利水电工程是关系国计民生的重要工程，对我国社会经济的发展，人们生活水平和质量的提高有着重要的作用，同时对人们的生命和财产安全有着较大的影响。因此，在水利水电工程施工的过程中，应当加强对各个环节的质量管理，减少工程中的不安全因素，保证工程的质量。

第五节　水利水电工程施工中生态环境保护

随着现代社会主义市场经济的快速发展，人们的生活质量得以提升，电能、水资源的消耗量逐步增加。水利水电工程建设能够在满足人们用水、用电需求的基础上，发挥洪灾预防的作用价值，对居民生活影响较大，但是在水利水电工程建设期间，也会对周围的环境带来不良影响。文章将结合水利水电工程建设的现状展开讨论，分析水利水电工程对生态环境的影响，希望能够对相关实践研究活动带来一定参考价值。

水利水电建设属于民生工程的重要内容，可以促进社会发展，但是水利建设也会破坏生态环境，因此需要深入研究水利水电建设与生态环境保护的平衡点，综合各种技术，利用合理的生态环境保护对策，避免水利建设破坏生态环境。

一、我国水利水电工程施工中的生态环境保护发展现状

自20世纪80年改革开放以来，随着我国经济的飞速发展，国家对基础设施的重视日益提高。近年来，基础设施建设速度大幅增加，尤其是部分可以推动社会经济快速发展，提升国民生活品质和提高国家生产总值基于现代科技的大型建筑方面，取得了较高成就。不管是投资的规模，或者是建筑建设速度均形成了前所未有的新高度，为我国人民生活水平与国家综合实力的提高和改善起到了重要的支撑作用。然而，正是由于水利水电等大型工程设施的建设，对我国自然生态环境造成了一定程度的破坏，我国建筑行业正面临能源、资源、自然生态等多方面形势严峻的环境保护问题。

在可持续发展战略的背景下，我国水利水电建筑行业的可持续发展速度也随之提升，并受到社会各个领域不同程度的重视。基于环境保护理念的水利水电工程设计、施工等内容作为水利水电工程施工单位达成可持续发展战略的绿色途径，逐渐被业内专业学者、专家了解。然而，可持续发展战略虽然与基于环境保护的水利水电工程施工关系紧密，但是在部分施工企业的实际施工过程中，存在光度不足、深度较低以及缺乏规范化、系统化具体实施细则等问题，形式主义过于严重，实际行动与理想呈不平衡状态的现象成为常态。水利水电施工过程中环境保护理念贯彻度不明显，进一步加强水利水电工程施工的环境保护内容是各个施工单位以及政府有关部门必须落实的重要工作任务。

二、水利水电工程施工中生态环境保护措施分析

增强素质并统一认识。一方面，施工单位应坚持以人为本的工作原则，加大对人才引进及培养的重视程度，定期开展岗位知识考核，考核合格者应给予一定的奖金奖励，针对水利水电工程监理人才不足的问题，必须要出台相应的扶持性政策以填补长期人才缺口，施工单位还要

主动转变传统工作理念，将水体、噪声、大气纳入监测指标，严格管控施工垃圾的排放量。另一方面，应该始终以增强相关水利水电工作人员的专业理论知识与实践操作经验为出发点与落脚点，充分调动起内在的主观能动性与积极创造性，多鼓励开展一些关于促进水利水电工程保护生态环境方面的多元化知识竞赛活动。

从污染源头入手，提高施工设备生产技术。从建筑施工设备的源头着手，即施工用具的生产环节，应将相关的环境保护指标列入到生产标准中，优化施工步骤，将环境污染降到最低。在具体水利水电过程中，为避免噪声污染，可以给打桩机、冲击钻、水泵、柴油发动机、电锯等噪声巨大的设备安装防震层或减振装置，若条件符合也可在设备上安装新型消音装置。在水利水电施工现场建筑垃圾的综合处理方面，应将建筑材料二次利用实现再生产的技术大力发展，提高建筑材料的二次利用率，将原有水利水电建筑中的旧材料进行二次加工，并应用于新建筑中，同时应提高建筑材料的等级与标准，增加其耐久度与强度，延长使用寿命。由此可见，先进的科学技术是提升建筑环保的重要途径，是从根本上治疗建筑污染的出发点。

完善施工过程中的环境保护工作。水利水电工程建设会生态环境的影响与破坏主要体现在施工现场，正式的施工过程，如基坑开挖导致土壤结构疏松，引发水土流失问题；废弃物的随意丢弃造成严重的土壤污染等，因此，要想实现水利水电工程建设对生态环境的有效保护，就必须做好施工过程的管理与控制工作，从而减少工程建设对环境的污染与破坏。具体保护措施有：在施工过程中动态监测水利水电工程施工对土壤、水质以及空气等造成的污染，将污染指标控制在合理范围内，若污染指标超出合理范围，及时分析问题产生原因，调整施工方案并采取有效保护措施减少工程施工对环境的污染与破坏。同时，做好污染物、废弃物的收集与处理，对施工过程中产生的固体、气体、液体污染物，分类回收，经过净化处理后再行排放，防止对环境造成二次污染。此外，水利水电工程项目施工结束后，及时组织技术人员开展施工区域的景观、生态系统修复工作，种植树木、加固土壤，确保环境的稳定与平衡。

加强员工环保意识，从根本上治理环保问题。通过水利水电施工单位各层级人员进行环保知识学习，是从根本上治理环保问题的有效方法，对发展建筑环保事业具有实际意义。施工单位应定期开展环保知识培训，一方面，聘请社会环保学者或知名大学环境学教授对全体员工进行环境保护基础知识讲解、环境保护理念灌输，进而提升施工现场人员环保意识，避免人为造成的环境污染问题。另一方面，邀请政府相关部门的公职人员，对施工单位全体人员进行环境保护法律法规培训，讲解在建筑工程中贯穿环保理念的重要性

综上所述，随着人类在地球上的不断繁衍生息，对地球生态环境造成巨大破坏，其中建筑污染是重要的污染源之一。近年来，我国基础建设发展迅猛，水利水电工程技术更是处于世界领先水平，然而，在水利水电中贯穿环保理念路程艰难。因此，施工单位需采取相应策略，将生态环境保护理念渗透于施工过程中，为我国实现可持续发展贡献力量。

第四章 水利水电工程施工技术

第一节 水利水电工程施工中高边坡加固技术

水利水电工程是服务民生的重要工程，与生态环境及经济社会的发展联系密切。施工单位需要保障水利水电工程的建设质量，而施工中的高边坡加固技术是影响建设质量的主要因素，施工单位需要根据水利水电工程的地质水文条件和建设要求，选择合理的高边坡加固技术，为水利水电工程施工提供保障。

在水利水电工程建设过程中，通过采取有效的高边坡加固治理措施，更好地保证水利水电工程建设质量，结合进一步理论分析，在有效的研究过程中，分析和总结水利工程高边坡加固技术，要不断总结经验教训，研究现有的加固方法，在改进和创新中提高水利水电工程高边坡加固施工水平。

一、水利水电工程施工中高边坡现状分析

市场经济的发展带动了水利水电工程的发展，在水利水电工程规模不断扩大的基础上，水利水电工程的施工技术呈现出滞后问题，很容易导致水利水电工程施工中出现边坡滑坡现象，影响水利水电工程的质量及安全，严重时会导致较大的经济损失与人员伤亡。对于水利水电工程的高边坡而言，导致其出现滑坡现象的原因有很多，如降雨、水文变动或者底层岩石变化等，同时，水利水电工程施工中施工单位的错误施工行为，也会导致高边坡出现下滑现象。为了保障水利水电工程的有序进行，提升高边坡的稳定性，施工单位需要在水利水电工程施工中应用高边坡加固技术。因此，在开展水利水电工程施工时，施工单位需要提高对高边坡加固的重视，结合施工现场的水文地质条件和气候条件，选择合理的高边坡加固技术，并加强对水利水电工程施工的管理，约束施工人员的施工行为，保障水利水电工程的安全有序施工，避免高边坡出现失稳现象。同时，施工单位需要在施工前做好人员培训工作，确保施工人员能够掌握高边坡加固施工技术的应用流程及应用要点，从而整体提升高边坡加固效果，有助于水利水电工程质量及安全性的提升，以此提升水利水电工程的各项效益，保障水利水电工程服务民生作用的发挥，促进国民经济的稳定增长。

二、水利水电工程施工中高边坡加固技术的应用

锚固技术的应用：

锚固洞。在保证高边坡稳定性的措施中，锚固洞加固是极为重要的一项手段，这项技术在施工时有一点应特别注意，即其施工顺序必须严格按照先内后外、先上后下的方式来进行逐渐加固，以此来减少和避免对高边坡稳定性造成的影响。

网喷混凝土防护。采用网喷混凝土的措施来进行边坡防护，是增加高边坡稳定性手段中最为常见的一种，其优点为操作简单便捷、成本低、效率高，喷射混凝土要求采用湿喷工艺，混凝土必须按设计配合比进行机械搅拌，对施工完毕的坡面钢筋网验收合格后进行喷射混凝土作业，喷射前清除受喷面的碎屑和松动岩体，喷射混凝土按照施工工艺，由低向高分层喷射，施工作业时控制喷层厚度和回弹量，保证喷射混凝土的施工质量，从而加强边坡的防护。

预应力锚固技术。预应力锚固技术同样是增加高边坡稳定性的有效措施。该技术是钻孔穿过有可能滑动的滑动面，将钢筋（或钢索）的一端固定在孔底的稳定岩体中，再将钢筋（或钢索）拉紧以至能产生一定的预应力，然后将钢筋（索）的另一端固定于岩体或混凝土框架结构表面，以增大滑动面上的抗剪强度，可以有效地阻止不稳定岩体的发展，以提高边坡的稳定性。

混凝土抗滑技术。在高边坡加固技术中，混凝土抗滑技术主要通过混凝土抗滑桩、混凝土挡墙或者混凝土沉井的设置，提升高边坡的强度和稳定性，实现高边坡的加固。在混凝土抗滑桩施工中，施工单位需要将其设置于高边坡的前缘，提升高边坡的抗滑性能，实现高边坡加固的目的。大量实践表明，混凝土抗滑桩在浅层和中层滑坡中应用的加固效果最佳。在实际混凝土抗滑桩施工中，施工单位需要确保桩身的 1/4-1/3 埋置于稳定土层中，并在抗滑桩放置后，进行灌浆处理，将混凝土抗滑桩和边坡土层融为一体，提升混凝土抗滑桩的加固效果。在混凝土抗滑桩的浇筑施工时，施工单位需要确保每小时浇筑的厚度小于 1.5m，在浇筑到距离井口 6m 左右的位置时，进行分层振捣，保障混凝土抗滑桩的质量。在混凝土挡墙施工中，施工单位可以通过挡墙的设置，利用混凝土挡墙的稳定性避免高边坡出现滑坡现象，实现高边坡的有效加固。混凝土挡墙施工技术具有施工便捷、加固效果好等优势，在水利水电工程中的应用相对广泛。施工单位需要按照最低滑动面的形状和位置，明确混凝土挡墙的具体砌置深度，并在混凝土挡墙的后部设置泄水孔，在确保混凝土挡墙降低静水压力的同时，避免墙体后部在积水浸泡影响下稳定性降低，不利于高边坡的有效加固。在混凝土沉井施工中，混凝土沉井主要是指混凝土框架结构，在水利水电工程中既可以发挥混凝土抗滑桩的作用，也可以发挥出混凝土挡墙的作用，但是相比前两种高边坡技术，混凝土沉井技术的应用局限性较大。施工单位需要根据施工现场的地质条件和沉井结构特征，合理设计沉井的厚度和深度。

减载、排水技术的应用。在高边坡的加固过程中常用到的技术有减载、排水等。这些施工技术在水利工程中的应用，可以有效地增强高边坡的稳定性。减载技术的是将滑坡体的后缘山体进行有计划的人为削除，同时利用反压措施将削除的部分放在计算好的最有利于阻滑的位置，

这种做法既可以降低下滑力，又可以达到想要加大抗滑的效果。排除地下水的方法在水利工程中的合理应用，可以有效地增强高边坡的稳定性。水利工程排水工程中常用的排水方法有水平钻孔、截水沟、集水井与截水盲沟等，排水技术的应用是通过排出地下水的方法来减少渗水压力和降低地下水位，用来增加高边坡的稳定性。

综上所述，水利水电工程中的高边坡失稳现象会引发安全事故，影响水利水电工程的发挥，需要做好高边坡的加固施工。通过本节的分析可知，施工单位可以在水利水电工程中应用锚固技术、混凝土抗滑技术和减载排水技术，提升高边坡的稳定性，为水利水电工程的有序进行提供保障，促进水利水电工程的可持续发展。

第二节　水利水电工程施工中高压喷射灌浆技术

在水利水电工程实际使用的过程当中，由于时间的推移，很容易出现各类不同的问题，其主要的原因在于施工过程当中会受到很多因素的影响，无法从根本上有效的保证施工效果和质量。久而久之，势必会造成明显的结构变化问题，严重之时可能会出现渗漏的情况。从实际的角度来讲，水利水电工程的施工难度较大，施工条件非常复杂，造成了工程结构由于多种原因出现老化，而应用高压喷射灌浆技术，可以在很大程度上提高结构的安全性和稳定性，提高水利水电工程的耐久度。下文围绕利水电工程施工中高压喷射灌浆技术展开一系列的讨论。

从总体的角度来讲，在我国当前水利工程建设施工的过程当中，渗漏问题和稳定性是影响工程和安全性的重要因素，需要相关工作人员对此高度的重视。在以往的工程建设当中，造成水利水电工程质量因素的种类很多，但是其根源在于人员和技术两个方面。高压喷射灌浆技术对人员的技术能力和水平提出了极高的要求，有很多的地方都需要注意，一定要根据工程的实际情况，选择最为合适的喷射灌浆技术，最大程度的保证施工质量和施工安全

一、高压喷射灌浆技术的原理及分类分析

高压喷射灌浆技术就是由高压水泵将通过水管大量的直径约 2～3mm 的水流从小孔泵出，此时形成的高压水流具有极高的能量，就会使泥沙浆细化并且粘合，填补细小的空隙，将泥沙浆和土粒石子掺搅混合，形成凝结块体，使工程质量提高，达到加固防渗的目的。

在应用该技术进行施工时，主要借助高压水或者是高压浆液对相关地层进行射流切割搅拌，并且通过将水泥浆、复合浆液射入到地层中，能够重新形成凝结体。这样一来，就可以对原有地层结构起到加固作用，同时可以提高地基的承载效果与抗渗透能力。施工过程中，需要用到的机械设备主要包括钻机、造孔设备等。施工时需要将喷头注浆管下放到预定的地层深度，并借助高压水泵将预制好的浆液射出。这一过程中，射出的浆液可以达到 10 到 25Mpa，进而可以对深层土体起到冲击、破坏作用。由于射流过程的能量较大、速度较快，因而可以对原有地

层中的土粒起到剥落作用。其中，颗粒较为细小的土粒将会伴随着浆液源源不断地冒出地面，剩余的颗粒较大的土粒在受到冲击力、重力以及离心力的影响下，会随着水泥浆体一同进行搅拌，并经过重新排列组合，进而形成新的凝结体。

按照高压泥浆射液束喷射的形式，高压喷射灌浆技术可分为定喷式、摆喷式和旋喷式3种。定喷式：定喷式即在单位位置内固定位置角度的泥浆射液束的喷射方式，这种方式可形成薄板状泥沙浆凝结块体，一般适用于水位较低的防渗固化工程，适用地质：砂土、粉土；摆喷式：摆喷式即在单位位置内一定角度内摇摆喷射，可以形成较厚的泥沙浆凝结块体，一般适用于水位中低的防渗固化工程，适用地质：卵石层、碎石层和砾石层；旋喷式：旋喷式可以形成螺旋柱状的泥沙浆凝结块体，一般用于高水位的防渗固化工程，同时可以用来对地基进行加固防渗，适用地质：均适用，但造价高。

二、水利水电工程施工中高压喷射灌浆技术控制要点分析

做好施工前的准备工作。首先，要进行原材料的准备。为了提高灌浆过程中浆体的可泵性与保水性，要对所选材料的质量进行严格的把控，施工前，要对浆体进行相应的养护与处理。同时，还要对浆体的抗压力度进行相应的检查，保证施工所用浆体的质量能够达到设计要求。施工时，为了防止浆体发生干缩问题，可以在浆体中添加适量的膨化剂与外加剂，进而改善浆体的性能。其次，施工前要应用定位技术对喷灌位置进行准确的定位。现场的技术人员要对施工图纸进行了解与分析，并根据设计要求与施工经验，合理设置各项施工参数。同时，借助于先进的定位技术，能够准确地定位出防渗墙的位置。这一过程中，要避开固有钢筋的位置，并且还要进行标记，此外，施工前还要做好场地的平整工作，进而为后续施工提供便利。

钻孔技术。从实际的角度来讲，钻机操作人员的技术水平、危险因素的警觉以及处理能力都会对钻孔施工产生重要的影响，同时也影响着内部泥浆的可循环性。正因为如此，相关工作人员在进行钻孔施工的过程当中，首先应该要求相关工作人员能够熟练地掌握和应用钻孔技术，所有的操作都应该严格遵循标准规范。在一般情况下，钻孔位置和设计孔位的盘套应该控制在五十毫米之内，深度和底高计量高于预期设计值。

插管。钻孔工作结束后，就要着手进行注浆管的插入工作。大量的理论研究与工程实践经验表明，钻孔期间进行插管工作，能够有效提高施工质量，同时可以减少时间的浪费。插管之前，施工人员需要先将岩芯管拔出，之后才能插入到钻孔中。为了确保插管工作的顺利开展，施工过程中可以通过射水的方式与插管工作同步进行。这一过程中，要将水压力控制在1MPa以内，如果压力过大将造成孔壁射塌等问题，进而对施工质量与进度造成影响。

高压喷射技术。高压喷射技术是整个高压喷射灌浆技术的核心。利用高压水、高压水泥浆以及高压空气在喷射管中达预计深度之后，逐次进行喷射输送，完成喷射之后在高压的作用之下进行两分钟左右的净喷，当浆液冒出时可以根据先前所设计的参数进行灌浆，从而能够实现对喷射速度、流量值以及压力的有效控制。由此可知，高压喷射技术对于操作的精度具有极高

的要求，相关工作人员应该对每一个工作环节都进行严格的管理，从而能够最大程度的保证高压喷射灌浆技术的应用效果和应用质量，进而能够有效地保证水利水电工程整体的防渗性与稳定性。

总之，高压喷射灌浆技术在目前的水利水电工程施工中有着广泛的应用，其不仅有着施工简便、易操作的优势，而且对于各种施工环境有着良好的使用效果。

第三节 水利水电工程施工的地基处理技术

在水利水电工程施工过程中，地基处理技术一直是一项十分重要的内容，能够直接影响到整个水利水电工程施工质量的优劣以及整个水利水电工程的建筑结构。因此，本节就地基处理技术在水利水电工程施工中的应用做出探究，首先对水利水电工程地基施工进行概述，并提出若干水利水电工程地基处理技术的具体应用策略，以望能够提升我国水利水电工程地基处理技术水平。

随着我国经济以及科学技术的发展，越来越多的水利水电工程投入实际建设，对于我国经济体制的改革而言有着重大的意义。对于水利水电工程施工正常运营来说，地基处理技术起着至关重要的作用，但是在实际施工过程中，很多施工单位并没有足够重视地基的处理，导致整个水利水电工程中存在很多的质量隐患，对水利水电工程的使用生命以及运行可靠性造成了严重的影响。

一、水利水电工程地基施工概述

承载水利水电工程建筑基础部门的施工就是水利水电工程地基施工，水利水电工程传输荷载力的地基下方机构是水利水电工程地基施工的主要内容。在进行水利水电工程地基施工的过程中，地基处理技术能够直接影响到整个工程的施工质量以及使用寿命，决定着其后期能够能否稳定而有效的运行。地基处理技术能够确保水利水电工程建筑的强度以及稳定性，在此基础上还能够有效的控制渗漏以及变形等问题。

根据大量的实际施工经验可知，在进行水利水电工程施工的过程中，需要在压缩性强并且强度低下的软土地基上进行施工的概率较大。这里所说的软土是一种泥炭土、淤泥以及粘土等构成的地质表层，空隙大且土层含水量高是这种土层的特征。由于软土地基的压缩性较强，因此在软土地基上进行施工的过程中需要重点关注沉降问题，假如水利水电工程在后期的实际运行过程中出现沉降不均匀的情况，那么建筑工程很容易形成严重的裂缝。其次，透水性较弱，当建筑在软土地基上的建筑物对地基施加较大的荷载之后，会直接影响到建筑物的密度以及结构性能。除此之外，除了上述这些问题，软土地基的抗剪强度相对较弱，很难保证在排水条件不好情况下的固结速度，这样的问题会严重影响到水利水电工程地基的稳定性。

还有一种特殊地质的地基施工也是水利水电工程地基施工的难题，这种特殊土质就是一般的湿陷性黄土或者是红黏土以及冻土这些特殊性极强的地质。换而言之，土层承载能力严重影响了这种特殊土层地基的稳定性。因此，水利水电工程项目地基施工的实际要求很难被满足，在施工过程中需要选择一些适应性较强的技术来进行地基处理施工，进而确保水利水电工程施工的质量以及水利水电工程后期运行的稳定性和使用寿命。

二、水利水电工程施工过程中常用的地基处理技术

灌浆法地基加固技术。所谓的灌浆法主要是通过液压、气压或者是电化学原理来对水泥砂浆或者是粘土泥浆进行处理，使其向着液化的性质转变，促使浆液能够顺利地灌注到软体地基以及水利水电工程地基的缝隙中，促使水利水电工程施工过程中软土地基的稳定性得以提升。例如，在实际应用劈裂灌浆法进行水利水电工程软土地基施工的过程中，通常情况下会采用单排孔的形式进行布置，并将空位布置于轴线上方 1.5 米的位置上，这些空洞能够深入到地基的透水层中，最深可以达到 40 米。因此，大多数水利水电工程施工单位在进行灌注工作时都会采用三个孔序进行施工，对第一个孔序三次灌浆灌注之后再对第二个孔序进行灌注，此时，两个孔序的灌注工作轮流开展。随着施工的进行，水利水电工程地基的灌浆以及裂缝不断增加，直至灌浆上升到坝顶周围的时候，施工单位才会进行第三个孔序的施工，这样做的好处是能够弥补前两个孔序灌浆作业时留下的缺陷。灌注工作会一直持续到满足相关的施工标准时才会停止，但是在施工的过程中应当严格控制各个孔洞之间的距离，进一步确保灌浆作业的整体施工质量。

振冲地基加固处理技术。使用这种方法进行水利水电工程地基施工的过程中，往往需要用到一种叫振冲器的设备，其功能与混凝土振捣器相近。通常使用的振冲器都包含两个喷水口分上下两个部分，受振冲器荷载力的影响，会在软土地基中形成一定数量的小型孔洞，将一定数量的碎石或者是水泥浆添加到这些小孔中，就能够将目标振捣粉碎，进而大幅度提升软土地基的稳固性。

加筋地基加固处理技术。很多水利水电工程为了能够有效地规避整体变形问题，都会使用加筋法对地基强度进行加固，进而大幅度提升水利水电工程建筑的稳定性。在建筑界，我们都知道，土木合成型的材料具有较强的抗拉心梗，在土层中应用土木合成材料就会大大提升拉筋与土体颗粒之间的摩擦力，大幅的提升地基的强度。同时，在特殊情况下，也会在砂垫层当中铺设一层土工织物，以望能够提升地基的稳定向。在大多数情况下，水利水电工程软土地基上施工会很容易出现沉降以及侧向移位，大大地提高了软土地及的加固难度。因此，要在出现可塑性剪切破坏问题之前应用土木合成材料加筋法对地基进行一定的加固处理，能够起到良好的组织作用，并且将问题控制在一定的范围之内，有效控制破坏性问题能够对水利水电工程造成的继发性影响，同时也大幅度提升了地基的承载性。

硅化地基加固处理技术。所谓的硅化发也就是一般情况下人们所说的电动硅化法，这项地

基处理技术的工作原理就是利用电动渗漏的原理，在网状带孔洞注浆管当中注入材料，并在一定的压力作用之下，把一定数量的硅酸钠溶液在软土地基中进行渗入，或者是使用一些氯化钙溶液以及硅酸钠溶液在水利水电工程软土地基中进行注入，两者之间会产生一种类似胶质化的化学反应，进而生成一种氢氧化钙以及胶凝物质。在水利水电工程软土地基中，这两种化学物质能够起到十分重要的活化作用，大幅度提升地基的韧性，并且能够切实掌控水利水电工程软土地基的变形程度，将其控制在能够接受的范围之内。其次，还可以很大程度的提升水利水电工程软土地基各个土壤颗粒之间的连接性，充分的填充水利水电工程软体地基中各个颗粒之间的缝隙，但是硅化地基加固处理技术在水利水电工程地基施工过程的应用需要使用到两种工业原料，因此会造成很高的成本，同时对于能源的巨量消耗也是硅化地基加固处理技术的不足。因此，在水利水电工程地基施工的过程中，很少会应用这种硅化地基加固处理技术。

排水砂垫层法。鉴于水分含量过高的淤泥粘性土和泥炭土等，大多数情况下都采用排水砂垫层法。这种地基处理技术的原理就是在软土地基的底部充填渗水性较强的砂垫层，排出软土地基中的水平，确保软土地基的强度。此外，为了防止地下水反渗，会把黏土层铺设在砂垫层中，进而达到更好的处理效果。砂垫层往往都会选择使用粗砂或者是卵石，进而保证材料之间有较大的缝隙。再进行施工的郭恒中，要按照要求设计配合比把材料搅拌均匀，充分夯实底部分层，但是要特别注意的是，使用这只技术进行地基处理一定要预留好排水槽，及时排出地基处理时渗出的水分。

总而言之，在当代这个社会背景下，水利水电工程施工单位应当随着试点的进步而进步，对自身的施工工艺水平进行提升，对于地基施工的相关要求必定要严格遵循，其实切实做好地基处理工作。在提升地基施工质量的同时还要放眼于整个水利水电工程的施工质量，确保水利水电工程的使用寿命以及运行稳定性有所保障。

第四节　水利水电工程施工中边坡开挖支护技术

水利水电工程项目施工具有较大难度，尤其对于边坡施工来说，其施工时间较长，且具有一定的施工风险。将边坡开挖支护技术应用于水利水电工程施工中具有重要意义，其不仅能有效降低水利水电工程的事故的发生率，且保障了水利水电工程项目的施工在规定的时间内完成。本节首先分析了边坡开挖支护技术，探讨了边坡开挖支护技术在水利水电工程施工中的应用。

一、水利水电工程施工中边坡开挖支护技术的应用价值

水利水电工程直接关系到我国的发展，同时也关系到我国的国计民生，对国民的日常生活有着直接的影响，是我国有关部门重点施工项目，有助于提高我国的综合实力，增强经济效益有很大的帮助，对国家和社会的发展和进步有着重要的意义。水利水电工程施工建设工作难度

较大，并且工作内容十分复杂，稍有差池，就会埋下非常严重的安全隐患，无法保证整个水利水电工程的稳定性和正常运转。进行水利水电工程的建设施工，应当对所处的实际情况进行分析，并且在实际的施工过程当中，利用边坡开挖支护技术来保证整个水利水电工程的安全性和可靠性。在进行施工之时，分析具体的情况，从而有针对性地对原有计划进行合理的变更，在很大程度上能够避免由于工期被延误而造成不必要的成本浪费。根据施工地点的具体情况采用边坡开挖的支护技术，能够有效地防治边坡岩体和土层发生脱落的现象，进一步保证了边坡开挖尺寸能够符合相关的规范，从整体上保证了水利水电工程的施工质量得以提高。

二、边坡开挖方式

（一）安全辅助钢筋网

为了使水利水电工程边坡岩体的安全性得到保障，降低塌方现象的发生率，提升施工人员的安全意识十分必要，使施工人员在施工过程中做好安全防护工作，为保障水利水电工程的安全施工奠定基础。通过设置安全辅助钢筋网，能够保障破碎区域的安全性，特别是开挖区应当尤其要做好安全措施，在施工过程中应用钢筋网，需要注意绑扎的规格。为了使钢筋网运输更安全，对于钢筋网的铺设面积应增加，在铺设过程中应紧贴岩面，之后与锚杆头焊接起来，使边坡稳定性与安全性得到提升。

（二）混凝土喷涂技术

利用混凝土喷涂的方式进行边坡的防护效率较高，在施工过程中优点较多，施工材料易取，施工成效较为明显，在施工过程中对边坡开挖后的形状结构造成极低影响。混凝土作为防渗透性和腐蚀性较强的材料，采用其进行边坡防护能够有效保证其使用寿命，避免由于雨水冲刷而造成的边坡坍塌现象，不利于工程施工的顺利进行。需要注意的是，在喷涂过程中加强对喷射的管理，例如，利用分次喷涂的方式进行施工时，需要对已喷涂的表层进行清理，优先喷涂超挖和裂缝低凹处；为避免因机械设备故障而影响后续工作，在喷涂过程中一旦发现故障现象，必须停止作业，及时检修设备，另外，喷涂工作完成后，做好后期洒水保养工作。

（三）锚杆技术

随着水利水电工程技术水平的不断提升，锚杆技术在广泛使用过程中也得到进一步改良和提升。锚杆技术在使用过程中优点较为明显，占地面积小、安全系数高，然而，随着水利水电工程的技术不断提高，在使用过程中也存在一定问题，对锚杆技术的使用提出疑问和更高要求。锚杆技术在前期使用中，出现精准度较低，材料使用上存在局限性等的问题。锚杆技术利用人工灌浆后进行锚杆直呼的施工方式，采用小型的手风钻进行打孔，这一过程中打孔效率较高，为确保锚杆技术使用质量，就要对打孔质量进行控制，要求施工人员具备较高的技术水平和较为丰富的经验，能够对施工现场环境进行判断。另外，进行打孔工作后需要对孔进行及时清理，确保孔的干净整洁。

三、边坡开挖支护技术在水利水电工程施工中的应用

边坡支护施工控制技术在水利水电工程中发挥重要作用，实际应用较为常见的边坡开挖支护技术有这几种：（1）浅层支护。该技术包括锚杆、排水孔等。在实施过程中，其主要是在开挖边坡过程中采用全液压钻机来钻孔。在锚杆安装之前需进行灌浆，之后实施插杆工作，最后进行开挖。开挖岩层的稳固性直接关系到施工质量，所以这个过程中，插杆应先实施，之后再进行灌浆作业。（2）深层支护方法。深层支护工作在边坡开挖中是一个重要环节，因此改进传统的深层支护方法十分有必要。深层支护在水利水电工程边坡开挖中的应用，需要将液压锚固钻机引入施工中，其主要是进行锚索钻孔，采用导向仪器能够有效防止锚索钻孔偏斜问题的发生。

另外，铺设钢筋网在水利水电工程边坡开挖支护中起着重要作用，其能有效防止地质灾害的发生而导致坍塌现象对施工质量的影响，且有助于保障边坡开挖的安全性。

就我国现阶段而言，总的来说水利水电工程施工中边坡开挖支护技术的应用还很广泛的，属于主流应用技术。现在虽然水利水电建设各方面技术发展飞快，行情也不错，但是面临着激烈的竞争，意味着水利水电工程施工中边坡开挖支护技术仍需要不断地提高技术，不断地更新，这样才能不被社会不断新繁衍出来的新技术所淘汰，发现问题，解决问题，这是向新技术不断更新、不断前进的努力方向。

第五节　危险源辨识的水利水电工程施工技术

对于水利水电工程来说，施工过程中危险源的辨识工作对整个工程的建设质量具有十分重要的影响，因此，相关水利水电单位就必须加强对危险源辨识工作的重视程度。为有效提高危险源辨识工作的质量，本节对水利水电施工危险源辨识相关技术进行了一系列探讨。

通常情况下，水利水电工程具有下述特点：其一是建设规模比较大；其二是单项工程比较多；其三是施工技术较为复杂；其五是施工工期比较长；其六是施工的作业环境以及工作条件比较艰苦等，这些特点使得在实际施工的过程中往往会出现一定的安全事故。因此，为有效保障水利水电工程施工过程中的人员安全，在最大限度上避免出现重大安全事故，保证工程能够按照期限完成，就必须在实际施工的过程中做好对于施工危险源的辨识工作，并以此为依据进行合理的安全防护工作，从而保障施工过程中相关施工人员的生命及财产安全，有效保障水利水电相关企业的经济效益，促进该行业的长远发展。

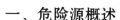

一、危险源概述

危险源顾名思义值得就是危险的根源，哈默将其定义为危险源，主要指的是会造成人员伤害或者财产损失的一些潜在的不安全因素。通过定义可以看出，在生产以及生活的过程中存在很多不安全因素，这些因素都是危险源。在水利水电工程中，引起施工人员伤害的主要危险源有很多，包括：一是高处坠落的危险；二是机械伤害的危险以及车辆伤害的危险；三是起重伤害以及物体打击的危险；四是坍塌触电甚至是灼伤和火灾等危险；五是放炮火药爆炸以及物理性爆炸的危险；六是气象灾害等。容易引起职业病症的相关危险源主要包括以下几种：第一种是噪声导致人员音频听损；第二种则是粉尘造成尘肺病等。容易造成财产损失的相关危险源主要包括以下几类：一类是建筑物损坏；另一类是机器设备损坏等。容易引起作业环境破坏的主要有：其一是作业环境过热；其二是作业环境过冷；其三是作业环境过潮湿等。

二、危险源的类别

以水利水电工程中危险源在发生事故以及发展过程中所发挥作用的不同，可以将其分为以下两类：第一类危险源是可能发生意外释放的能量或者危险物质，此类危险源造成的危害是十分巨大的，必须加强对此类危险源的有效辨识，一旦发现问题就要及时采取合理有效的措施加以解决。为了实现对第一类危险源的有效辨识，相关施工单位就应该采取合理的措施实现对施工过程中相关能量或者是危险物质的有效约束，实现对危险源的合理管控。第二类危险源主要指的是控制危险源的各种不安全因素，主要包括以下三方面：其一是人因，指的是操作人员的行为与预期效果出现严重偏差；其二是物因，指的是物件的故障，物件的性能不足以满足工作要求；其三是环境因素，主要指的是工程周围的环境，包括周围环境的温度、湿度以及照明和粉尘等物理环境，对于第二类危险源而言，主要指的是那些围绕第一类危险源而随机出现的一些现象，第二类事故发生的越频繁，水利水电工程发生事故的可能性也就越大。

三、水利水电施工企业辨识危险源时候应该考虑的主要因素分析

对于水利水电施工企业来说，其在辨识危险源的时候应该考虑的主要因素包括以下几方面：第一点是职业健康安全相关法律以及法规要求；第二点是职业健康方针；第三点是相关事故以及事件记录；第四点是审核结果；第五点是来自企业内部的员工和相关的信息；第六点是来自员工职业健康安全评审活动的信息；第七点是最佳典范与组织相关的典型危害；第八点是组织的设施；第九点是产品的相关工艺以及合同相关的信息；第十点是下述相关危害因素，主要包括以下类：其一是物理性危险、其二是化学性危险、其三是生物性危险、其四是心理危险、其五是生理性危险、其六是行为性危险等。

四、辨识水利水电工程危险源的主要方法

为有效辨识水利水电工程中所存在的危险源，主要的方法包括以下几种：第一种是询问以及交谈的方法，主要是让有经验的相关工作人员在工作过程中找出危险源，并通过分析判断出危险源的类别；第二种是通过施工现场的观察来实现对危险源的辨识，因此这就要求施工现场工作人员应该具备完善的安全技术相关知识并充分了解相关法律法规；第三种是做好详细的记录并进行及时的查阅，对事故以及职业病的记录要进行严格且详细的查阅，并在查阅过程中找出工程中所存在的危险源；第四种是通过对相关组织、文件资料以及咨询专家等方式获取足够多的外界信息，对相关危险源信息进行分析发现其中存在的组织危险源；第五种是详细分析工作的任务以及实际的工艺过程，通过分析获取其中可能存在的危险；第六种则是要详细分析安全检查表，通过已经编制好的表格分析实现对组织安全的有效检查，从而实现对危险源的及时辨识；第七种是研究工程的危险以及可操作性，通过对导语句以及标准格式所存在偏差的仔细查找，确定危险源的存在；第八种则是从事件发生的原因加以分析，预测可能发生的结果，辨识施工过程中的危险源；第九种则是对事件的结果进行分析，通过对事件发生原因、条件以及相关规律的寻找，分析可能会导致事故发生的危险源。

总体来说，对于危险源的辨识工作必须根据水利水电行业所具有的实际特点作为主要依据，结合工作人员自身的实际经验，选择合理恰当的辨识技术，从而实现对危险源的有效辨识。

综上可知，危险源的辨识工作质量与水利水电工程的整体建设质量具有十分直接的影响，因此，相关施工单位必须加强对危险源辨识工作的重视程度，采取合理措施有效提高危险源辨识工作的质量。为此，水利水电工程相关管理人员就必须加强对危险源含义的了解，并充分掌握合理的危险源辨识方法，再在结合实际施工情况的基础上，合理选择恰当的危险源辨识方法，通过对水利水电施工全过程的动态跟踪和管控，及时发现潜在的工程危险源，并结合自身实践经验，及时采取合理有效的措施加以解决，保证水利水电工程施工过程中的安全性，有效推动水利水电行业的长远发展。

第六节　水利水电工程施工中滑模施工技术

滑模技术具有施工速度快、施工质量有保障、成本低等优势，被广泛应用在水利水电工程施工中。在简要阐述滑模技术优势的基础上，对于滑模技术在水利水电工程施工中的具体应用展开探讨。

水利水电工程属于一项利国利民的基础工程，是防止洪涝灾害和保持水土流失的主要途径。滑模技术具有很强的优越性，而且施工比较便捷，具有机械化程度高、施工速度快、占用场地面积小、施工较安全的优势，被广泛应用在水利水电工程斜坡或者隧道施工中，应用效果非常

明显，值得大范围推广应用。

一、水利水电中应用滑模技术的优势

在具体应用过程中滑模的模板可分为两大类，一类是普通的混凝土浇筑模板；另一类专业的滑模施工模板。在具体施工中，还需要好专业的配套动力和滑行伸臂机械支持，就目前应用现状而言，主要的动力设备为液压千斤顶。在千斤顶的作用下带动模板沿着已经成型的混凝土表面进行滑动，混凝土由模板的上口分层向套槽内浇筑，每层浇筑的厚度控制在 20 ~ 30 cm之间，当模板下层的混凝土达到设计强度以后，再沿着混凝土表面进行滑动，如此反复循环作业，直到达到设计高度。和桥梁工程所用的滑模技术相比，水利水电工程中的滑模施工更加复杂，浇筑量也比较大，对施工精度有很高的要求。在水利水电工程中科学合理的应用滑膜技术具有以下优点：可大幅度提升混凝土浇筑的连续性，从而保证施工质量。

机械化程度比较高，大大增加了施工速度。可有效降低裂缝产生的概率，裂缝是影响水利水电工程施工质量的主要因素，一旦发生质量裂缝，势必会造成严重的安全后果，而如果在施工中应用滑模技术，则能很好地解决这一问题。模板施工中周转和支护时间比较小，既能有效缩短施工工期，还能提升施工的安全性。

二、滑模技术在水利水电工程施工中的具体应用

严格保证混凝土浇筑质量。合理控制混凝土配合比：合理的混凝土配合比既是保证水利水电工程施工质量的基础，也滑模施工技术能顺利开展的关键，需要通过多次试验来确定混凝土配比，并在混凝土配制时严格按照确定的配比来配制。

严格控制混凝土坍落度：研究表明，混凝土的坍落度对水利水电工程施工质量有直接影响，因此，需要根据设计标准严格控制坍落度，才能保证混凝土施工的温度、传输时间、初凝时间能都能满足设计标准，在保证混凝土施工质量的基础上，合理提升施工速度。

混凝土浇筑注意事项：在混凝土浇筑时，严禁混凝土仓面或者钢筋被液压油污染，避免因清理污染影响混凝土浇筑时间。滑模提升的速度要和混凝土浇筑的速度相互一致，在混凝土振捣时要分层振捣，避免发生漏振问题。同时，在具体浇筑时，严禁把混凝土拌和料直接投入滑模中，否则会影响振捣效果，而影响施工质量。

滑模的控制技术。滑模水平控制技术：滑模水平控制是整个滑模施工技术控制的重中之重，为确保施工质量，可通过以下两种发生方法来对滑模水平方向进行全面控制，一种是通过水准仪对滑模前进的水平方向进行合理检测，超出设计范围时，立即停止施工，待偏差全部校正以后，再继续施工；另一种是使用千斤顶的同步器进行水平控制。

滑膜中线控制技术：通过中线控制，是确保滑膜结构中心不产生偏移的主要方法，常用的中线控制技术为：在出线竖井测量时，把激光照准仪和吊线配合使用，在保证滑模滑移准确性的基础上，避免模板发生变形。可采用竖井结构来对滑模操作的中线控制，具体为：选择三台

激光照准仪，一台固定在竖井井口的位置，一台布置在竖井圆弧段和直线段的连接处，另一台布置在圆弧段的中心区域，通过这三台激光照准仪相互配合检测，就可以有效保证滑模施工的精确性。

模板的滑升控制。模板滑升初级阶段：尽量降低滑升的行程，以便整体滑膜装置进行带负荷检验，避免发生黏膜现象，通过检验模板的强度来确定出模的时间和滑升的速度。正常滑升阶段：按照每层 20 ～ 30 cm 的浇筑高度进行分层浇筑，维持这一浇筑高度滑升 9 ～ 10 行程，滑升速度为：每 30 ～ 20 min 滑升 1 ～ 2 个行程，为确保混凝土成形质量，模板滑升的速度和出模强度必须密切配合。钢筋的制作和安装：在整个施工过程中，钢筋制作和安装需要消耗大量的人力、物力，而且工作环境比较差，需要现场施工单位根据模板滑升的实际情况，积极协调各个工种之间的关系，通过相互配合的方式，提升施工质量和速度。

模板拆除。在模板拆除前，要先切除闸墩顶部出头的钢筋及穿过离心式液压千斤顶上多余钢管，确保后期拆模时，各项工作能顺利开展。拆除安装在滑模上的照明灯具、电器设备等，以便降低提升滑模的牵引力，再拆除固定滑模墩头和墩尾的螺栓，以及滑模底部的吊篮，然后通过后吊机缓慢提升滑模墩尾和离心液压千斤顶，待吊臂固定完成后，再快速拆除吊篮，缓慢下放滑模，最后，通过吊机把滑模吊出，再拆除滑模的中间和墩尾结构。

滑模技术是目前水利水电工程施工中比较常用的施工技术，主要应用在坡面施工和防洪度汛施工中，对混凝土施工质量有极高的要求，任何一个环节出现滞后，都可能会影响施工工期和质量。因此，在具体施工建设中，要科学合理地做好施工要点，才能提升水利水电工程的施工质量。

第七节　水利水电工程施工中导流及围堰技术

在我国经济技术飞速发展的条件下，有关部门非常关注基础设施建设和水资源综合使用，这两项已经被列入国家和政府经济发展基本规划。所以，有必要建设水利水电工程，既能满足农业灌溉、发电和防洪的需要，又能提供急救和环境保护。要实现这一目标，就必须重视水利水电工程施工中的施工导流和围堰技术。按照项目的实际情况，合理使用下料和下料措施。它有效地解决了水问题，为我国水资源的高质量和水电工程的效益创造了条件。因此，合理的导流围堰施工技术在水利水电工程建设中发挥着重要作用。文章分析了导流技术和围堰技术开展现状及主要内容，并提出了促进围堰技术和施工导流实施中的应用，为水利水电工程施工的顺利开展奠定良好的基础。

一、水利水电工程施工导流及围堰技术概述

施工导流是在施工的过程中由于河道的复杂性所致，要对所施工河道进行科学的引流，使

水流能够绕过施工现场，以此来保证施工的正常和顺利进行，在河流大坝的修建工程中，施工的导流工程是重要的工程之一。一般情况而言，水利水电工程中导流有三个阶段组成，即前期导流、中期导流、后期导流。前期导流，是采用围堰技术，通过对水的阻拦，来确保水利水电施工的正常进行。中期导流，主要是提高大坝的抗洪能力，以河坝高度和汛期的水位高度为依据，对库存的注水量进行确定。后期导流，是在导流的基础之上，对水流进行设计，同时对大坝进行的相关施工。

水利水电施工过程中的围堰技术，指的是在施工中对干地施工进行围挡，防止水流的通过，以最大程度的保证施工的顺利有序进行。围堰技术是水利水电工程中的一项重要的技术，同时也是一项不可或缺的技术，重视围堰技术的使用对水利水电施工有着重要的意义，它可以降低水流对河道的冲击性，提高河道的泄水问题，降低了施工的成本，保证了施工的质量。

二、水利水电工程施工中导流及围堰技术的应用

（一）施工导流技术在水利水电工程项目中的应用

缺口导流。对于缺口导流来说，其一般适用于混凝土类型的坝体施工，主要是基于导流设计的规定高程及部位要求，按照水利水电工程实际的状况，进行适当缺口的确定和设计，当河流处在洪水期时，就能够有效的发挥临时导流目的。在缺口实现其辅助导流功能后，一般将根据实际的工程设计方案将其设置为永久性的建筑物部分，其主要在洪水阶段发挥作用，在洪水期，河流是从导流的底孔或导流的隧道等一些建筑导流中进行通过，如果需要增加其导流的建筑物，则势必会增加其工程成本的投入，因此，这时候就在导流建筑建设中设置相应的缺口，一般其缺口的设置是按河流的枯水期相关标准进行设计，处在河流洪水阶段，通过预留的缺口，和其它导流的建筑进行配合，实现对洪峰流量的调整，在枯水期阶段，把缺口上升于与其它坝体相似高程位置，则缺口导流可以有效降低其导流的底孔以及导流的隧洞等建筑尺寸，实现对工程投资的降低。

隧洞导流。对于隧洞导流来说，水利水电工程导流施工中比较常用的一种方式，是将上下游进行围堰，对河床基坑进行一次性的拦断，实现其主体的建筑物能够在干地展开施工的目的，使得全部的河道水通过导流的隧洞进行宣泄。这种隧洞导流方式，其适用的条件也有着严格的要求，一般是对那些导流的流量不是很大、坝址的河床比较狭窄、两岸的地形比较陡峻等一岸或者两岸的地质条件比较好的地方使用。在导流隧洞布置中，要求隧洞轴线具有跟线地质相关条件比较好，才能够保证其隧洞的施工具有良好的安全性，其隧洞的轴线适合按照直线进行布置，在进行转弯时，其转弯的半径不能小于洞径的 5 倍，且转角也不能超过 60°，对弯道的首尾还要设置一定的直线段，其长度不能小于洞径的 4 倍，进出口的引渠轴线和河流主流的方向具有的夹角也要低于 30°。

（二）围堰技术在水利水电工程项目中的应用

在引水施工过程中，当过大量的水时，拦河坝能否达到安全指标是非常重要的。为了保证地震的强度和承载力更大、更可靠，减少对地震的冲击流量，必须用混凝土面板来保护土石地震，确保水流过屏障。当冲击力减小时，需要在其保护面上覆盖一层板，然后进行混凝土浇筑作业和相关的预制工作，以确保屏障体的强度得到提高。在此期间，应注意保护面具有良好的防水、抗渗性能，并合理设计混凝土板的厚度指标，大而不太薄，应保持在适当的水平，以确保不同面板之间的接缝也能具有较强的防水和抗渗功能。在混凝土浇筑和预制过程中，应注意自下而上的施工顺序。其次，在河流下游的斜坡上设置了一些钢筋笼。这是利用钢筋来提高土石坝的强度和承载力。应将固体卵石放入笼中，以减少屏障体与水流的直接接触，减少冲刷力，保护屏障体的性能和质量。主锚杆居中布置，与下游边坡形成相对安全稳定的关系，保证施工安全和质量。

1. 木桩围堰

板桩围堰适用于水利水电工程的浅水区和深基坑区。这种技术用于防止围堰工程泄漏。一般来说，榫槽是用来无缝连接所有的木柱，创造一个强大的整体不透水的效果。

2. 溢流堰

该围堰能充分保证堰体本身的安全溢流，有效避免由于渗透压力的影响而对堰体产生的深层滑动，也能防止水对堰体表面的巨大冲击。目前，溢流堰的主要应用有两种形式：混凝土板溢流堰和钢筋溢流堰。采用混凝土板溢流堰对上下游溢流堰进行保护。溢流坝最明显的优点之一是其优良的耐水性和厚度。宜在围堰下游边坡和围堰主体上设置钢筋，以防止河流下游边坡和围堰的滑坡。

综上所述，由于水利水电工程施工环境的特点，为了保证其具有良好的施工条件，就需要做好其施工导流和围堰，在施工导流及围堰技术的使用中，需要根据实际的情况选择相应的技术类型，并严格按照技术标准和施工要求开展作业，充分做好前期工作才能够充分发挥施工导流及围堰的效果，保证其工程顺利施工。

第五章　水利水电工程安全问题及措施

第一节　水利水电工程施工的安全隐患

水利水电工程由于施工周期较长，安全管理相对复杂，所以发生安全隐患的危险系数也很大，一旦发生了安全事故，就可能给财产带来严重损失，甚至威胁到人们的生命安全。本节简述了水利水电工程施工的主要特征，对水利水电工程施工存在的安全隐患及其对策进行了探讨分析。

一、水利水电工程施工的主要特征

水利水电工程施工特征的主要表现为：施工环境的复杂性。水利水电工程建设主要集中在水电、引水灌溉等方面，这些工程一般处于交通不便、环境较为复杂的山地、丘陵或者农村地区，施工过程中要面对难以想象的困难和意想不到的阻碍，施工环境的复杂性给施工现场的安全管理提出的新的挑战；施工过程的复杂性。水利水电工程一般规模较大，是一项复杂的、系统的建设工程，在施工过程中需要大量的人力、机械和建设材料，并且施工过程中人员、车辆、物资都是流动的，在施工过程中很难对其进行有效的控制，若不重视施工现场的安全管理，很容易引起安全事故，造成重大经济损失，更有可能影响工程进度。

二、水利水电工程施工存在的安全隐患分析

水利水电工程施工存在的安全隐患主要有：施工对象复杂存在的安全隐患。水利水电工程建设的施工对象繁多复杂，不同的工程要面对不同的施工对象，甚至在一个工程当中施工对象的单项管理也是多变的。如土石开挖、高空施工、地质灾害预防等等，涉及施工地点周围的边坡支护问题、机械车辆的运输安全问题等等。施工对象的复杂性所带来的安全管理问题远比想象的要多得多，如果不能对这些施工对象进行有效的管理控制，就会留下巨大的安全隐患。露天施工存在的安全隐患，水利水电工程建设多数情况下是在露天条件下进行的，施工面积大根本不能尽心更有效的封闭隔离，在这种情况下除了设置的警示牌和安全管理人员之外，机械和人员之间的流动实际上没有太多的限制。这种情况下一些施工行为如果稍有不注意便可以造成

安全事故，如在爆破的过程中，产生的碎石飞散，如果施工车辆机械、人员材料不小心进入爆破作业区，很可能发生安全事故。（3）施工调度存在的安全隐患。在水利水电工程建设过程中，施工调度是组织实施施工工作的重要环节，也是安全管理的重要措施。由于水利水电工程施工地点并不是在同一点，很多时候是多个施工地点共同开工，这种情况下人员、车辆、机械、物资在不同施工地点之间流转，导致安全隐患比较大。

三、水利水电工程施工安全管理的对策分析

制定和落实安全管理制度。安全管理制度应该包括施工安全管理组织、施工安全调度、施工安全应急系统等等，安全管理制度要尽可能的详细。除此之外，光有制度不行，还必须真正落实到施工过程当中，因此必须明确安全管理制度的主要责任人，从投资方到施工方，再到施工的现场组织管理将安全管理制度层层落实到每一个人，形成严密的贯穿于水利水电工程建设施工的安全管理体系，切实将安全管理要求落到实处，并在现场设质量安全员，赋予相应安全管理权力，包括违章作业制止权、严重隐患停工权、经济处罚权、安全一票否决权，保证其有效行使职责。在组建施工队伍、施工班组时，应选择技术过硬、安全质量意识强的人员，对于特种作业人员、危险作业岗位，应严格培训，持证上岗。

实行标准化安全管理工作。标准化安全管理工作是当前安全管理的一个重要的发展趋势，已经在很多水利水电工程建设实践中得到运用，并取得了很好的效果，因此在安全管理当中应该坚持运用标准化管理。要实现这一目的，就必须做到项目施工中应将每一天施工对象，作业人员及作业程序，安全注意事项及安全措施均执行标准化要求和规定，使作业人员在施工前和施工的每时每刻中间都能做到施工地点明确，施工对象明确，工作要求明确，安全注意内容明确，杜绝了因情况不清，职责不明，盲目施工导致的安全隐患。

加强安全管理监督工作：突出施工重点环节的安全管理。在施工安全管理当中要重点突出、主次结合，集中力量解决安全管理工作中的主要矛盾，关键施工对象和关键施工工作作为安全管理工作的重中之重，只有这样才能抓住安全管理工作的主要矛盾。安全管理的重点内容主要包括：导流洞、引流洞的封堵施工工作、土石方开发或爆破施工、高空作业或者复杂地质条件下的施工作业等。重要施工程序主要包括：大型砼浇筑环节、大坝或引水闸高空钢筋焊接加工、土石方吊装装运、砂石料的高空吊装上浆等环节。对于这些重点工作和重点管理环节，要实行专人负责、专人定岗、专人复查的管理措施。强化作业现场的安全管理。作业现场的安全管理是水利水电工程安全管理的归宿，上面一切管理举措都只是为作业安全管理服务的，作业现场的安全管理主要集中在以下几点：第一，禁止无证上岗，在水利水电工程施工过程中涉及许多特种作业工种，如铲车、吊车、塔吊、电工、焊工等等，对于这些有着特殊要求的工种，要坚决实行持证上岗，严禁无证上岗的情形出现。相关人力资源管理部门在招聘的时候就应该对相应工种的施工人员的证书情况进行核实。第二，在施工环节的交替过程中做好安全防护，在施工过程中在进行完毕一个施工程序进入下一个施工程序的时候，要特别注意安全控制的"预警

关"，做好程序的收尾工作，以避免给下一套施工工序留下安全隐患。第三，要尽量避免深夜加班和疲劳作业现象的出现，由于水利水电工程建设工期紧，很多施工单位喜欢加班，但是加班时间最好不要超过四个小时，需要深夜加班的时候要实行轮班，并做好夜间照明和防护工作，再者要给予施工人员充足的休息时间，避免疲劳作业的出现。

水利水电工程可以有效控制和节约水源以及进行发电，从很大程度上减少了洪涝灾害给人们带来的损失，同时可以为人们提供电力资源，因此为了充分发挥水利水电工程的功能，必须加强对水利水电工程施工存在的安全隐患及其对策进行分析。

第二节 水利水电工程本质安全化建设

施工安全是水利水电工程施工正常进行的必要保障。文章基于水利水电工程本质安全化建设的基本内涵，从人、机、环境和管理等4个方面详细论述了本质安全化建设的途径方法和重点，对促进水利水电施工安全管理水平具有重要意义。

水利水电工程建设安全管理涉及面广，影响因素多，是一个复杂、综合的系统，其安全管理目标是实现人、机、环境、管理系统本质安全化。水利水电工程建设本质安全化作为工程建设安全管理的最高境界，充分体现了预防为主的安全管理原则。水利水电工程建设本质安全化，对保护人员生命安全、减少财产损失、提升企业形象具有重要意义。

一、水利水电工程本质安全化建设的内涵

在水利水电工程建设过程中，施工现场危险，有害因素很多，加之施工人员安全素质不高，容易导致施工现场事故频发，造成人员伤亡和财产损失。因而，在工程建设过程中采取必要的手段提高工程施工的本质安全水平势在必行。

本质安全化建设是通过对涉及施工安全的各个要素的有效控制，达到对施工过程中各种危险有害因素的限制，使其处于可控状态，从而实现对安全风险的有效规避，从源头上控制安全事故的发生，最终实现工程建设的本质安全。

水利水电工程本质安全化是"预防为主"思想的根本体现，也是安全生产管理的最高境界。水利水电工程本质安全化的目的是通过有效控制危险源，全面配置安全防护设施等手段，最大限度消除事故隐患，提高施工现场安全管理水平，减少人的不安全行为的发生，从而降低施工过程中事故发生的可能性和事故的严重程度。

事故致因理论表明，人、机、环境、管理是事故致因的主要因素。实践表明，从人、机、环境、管理等方面考虑进行本质安全建设是切实可行的方法。在许多工程建设实践中（包括水利水电工程建设），一些大型施工企业已摸索出许多效果比较理想的本质安全化建设方法，这些方法也是水利水电工程本质安全化建设的主要手段。当然，在水利水电工程本质安全化建设

过程中，应根据工程和施工特点，重点考虑强化危险源管理、危险区域的有效隔离、全面的个人防护和科学的人因控制体系等方面的建设。

二、水利水电工程本质安全化建设的实现路径

人的本质安全化建设。在事故致因中，人的因素是最关键的，人的本质安全化建设的目的就是为了杜绝人的不安全行为。在水利水电工程施工建设中，人员的心理因素、身体因素、技能因素、教育因素等往往是导致不安全行为出现的主要因素。其中，心存侥幸、急功近利、明知故犯、盲目无知的心理状态，不健康的身体状态，不合格的操作技能和安全技能，违章管理和教育培训的缺乏等原因又是主要原因。在人的本质安全化建设过程中，主要采取强化安全教育培训的方式、人员不安全行为控制与管理的方式来提升人的安全作业能力。

安全培训教育。安全培训教育的重要性不再赘述，但一般的、传统的培训模式存在许多弊端，最后往往让培训过程流于形式，无法满足现场实际的需求，而进行多媒体安全培训是一种科学有效的方法。建立水利水电工程建设现场工人多媒体安全培训系统要求在工程现场建立一个专业培训场所，并设置相应的硬件设施和软件系统。在此基础上，采用多媒体形式，生动、直观、形象地表达培训内容，并利用考试、实践、展览、手册的形式加以辅助，从根本上提高培训效果，具体建设内容包括：配置专业的安全培训多媒体教室、建立专门的安全培训管理平台、建立相应的教材库和试题库。

作业行为安全规范化建设。人员的不安全行为主要是通过作业行为表现出来，因此，进行作业行为的安全规范化建设可以有效提升人员不安全行为的控制和管理。就水利水电工程而言，其作业行为安全规范化建设主要包括下列内容：①强化安全生产制度建设，通过制度约束促进人员作业行为的安全规范化。②识别水利水电工程建设过程中的识别不安全行为或不尽职行为，以便将可能发生的安全隐患消除在萌芽状态。③针对人员的不安全行为和不尽职行为的识别结果，采取科学、有效的预防性措施。④水利水电工程监理人员和现场检查人员的工作行为与状态。⑤水利水电工程监理人员和现场检查人员的不当工作行为。⑥针对不当工作行为采取应对措施，防止因监理和检查督导人员的行为问题导致安全事故。⑦总结施工与管理人员的不安全、不尽职行为的发生规律，提高管理水平，降低事故发生率。

现场安全可视化管理。可视化管理也称为一目了然的管理，是用眼睛观察的管理，这种管理方式主要体现了管理者的主动性与有意识性。安全可视化管理指的是充分利用视觉感知能力，获取与工程建设相关的安全信息，以充分提高安全可靠度的管理方法。水利水电工程建设现场安全可视化管理的内容包括安全文化可视化、安全警示信息可视化、安全行为控制可视化和环境信息可视化。

机的本质安全化建设。机的本质安全化建设的根本目的是消除和避免机器、设备的不安全状态的出现，也就是控制危险源和消除事故隐患。除了常规的从工艺、技术角度考虑提升物的本质安全水平外，安全检查、事故隐患排查与治理是提升本质安全水平的主要常规手段，除此

之外，安全设施标准化建设和危险源辨识与控制在很大程度上能够进一步提升物的本质安全化水平，也是较常采用的手段。

安全设施标准化。安全设施是防止生产活动中可能发生的人员误操作，以及外因引发的人身伤害、设备损坏而设置的警示和防护设施的总称。水利水电工程建设工序复杂，现场危险源众多，而人员素质普遍不高，如果防护设施不到位，安全提示不明显，很容易导致事故发生。为确保施工现场人员安全，施工正常进行，配置全面合理的安全设施显得非常重要。因而，进行安全设施标准化建设是实现水利水电工程建设过程中物的本质安全化建设的重要内容。

危险源辨识与控制。危险源辨识与控制是全方位、全过程地辨识水利水电工程建设过程中可能存在的危险源，评价危险源风险大小，制定针对性的控制措施，从而达到风险识别与控制的目的。危险源辨识与控制一般以现场各种场所、作业活动为单位作为辨识、评价与控制的单元，采用作业条件危险性评价法对辨识出的危险源进行半定量评价，并判断风险等级，明确危险源控制重点，继而制定管理、培训、技术等多方面的针对性措施并组织实施，最终实现危险源控制的目的。

环境的本质安全化建设。环境的本质安全化建设内容与人、机的本质安全化建设内容存在交叉，譬如现场安全可视化、安全设施标准化等也包含环境的本质安全化建设内容。安全文明施工是环境的本质安全化建设的主要方面，也是被广泛使用的一种手段。

水利水电工程建设现场环境及施工条件较为复杂，要长效保持安全文明施工处于较好水平，结合工程建设的规模、技术、环境等特点，进行工程安全文明施工策划是最有效的手段。通过安全文明施工的策划，做到"设施标准、环境整洁、行为规范、施工有序、安全文明"，创建水利水电工程建设安全文明施工一流现场，树立安全文明施工品牌形象工程，为各项安全控制目标顺利实现创造条件。根据不同企业实施的安全文明施工策划情况来看，安全文明施工策划内容存在较大差异，基本可以分为两类：综合性的安全文明施工策划和专项的安全文明施工策划。

管理的本质安全化建设。由于水利水电工程建设项目建设周期长短不一，涉及项目法人、勘察设计单位、监理单位和多家施工企业等单位，再加上工程建设周边环境条件差，使得工程建设安全生产管理一直是管理的重点和难点。尽管施工企业一般都建立了安全管理体系，并通过培训来提高安全管理水平，但对具体工程项目依然存在业主、监理、施工企业责任定位不清，管理流程不具体等问题，工程建设管理混乱的现象亦时有发生。因此，针对具体工程建设项目，项目法人一般会结合项目具体情况，对安全生产管理体系进行完善。项目法人进行的安全生产管理体系完善一般以规范设计单位、施工企业、监理单位等的安全生产活动为主要目的。主要依据安全管理体系标准和先进的安全管理方法，针对工程项目建立内容全面、管理科学、流程清晰的安全生产管理体系，明确业主、设计单位、监理单位和施工企业的安全管理职责和相互协调沟通工作记录形式，为工程项目提供有效的安全管理方法与手段。

水利水电工程建设项目安全管理体系的完善要点包括下列内容：①以工程项目为对象，建立集业主、监理和施工企业三方于一体的安全生产管理体系，明确工程项目安全管理的内容，有效规范外部协调管理程序，提供有效的安全管理手段。②以过程控制为方法，梳理优化业主、监理、施工企业的安全管理职责与各项安全管理工作流程，提高安全监管绩效，保证良好的安全文明施工秩序。③以风险预控为主线，针对工程项目施工人员、设施设备和作业环境各类风险因素，提供有效的风险控制措施，促进工程现场安全管理水平的提高。

安全生产管理信息化建设是加强施工现场安全生产管理的一种重要途径。对于大型水利水电工程，加强安全生产管理信息化建设能够起到非常明显的效果。一是建立实现业主、监理、施工企业一体化管理的水利水电工程建设安全生产管理信息系统，实现安全管理各项业务的在线申报与审批，各类安全数据信息化管理。二是建立封闭式多维现场安全监控平台，利用计算机技术、监控设备、GPS技术、通信技术和物联网技术等现代科学技术，实现对水利水电工程建设现场的信息化安全监管。

施工安全是水利水电工程质量的重要影响因素。因此，加强水利水电工程的安全管理工作，促进安全生产具有重要意义。在水利水电工程的施工中，安全管理人员要做好安全监督工作，广大一线施工人员要把施工安全放在首位，保障水利水电施工工程的圆满完成。

第三节　水利水电工程安全控制

本节由水利水电工程建设特征入手，探讨了安全控制重要性与科学实践策略。对提升水利水电工程安全控制水平，降低风险事故影响，创造显著经济效益与社会效益，实现可持续发展，有重要的实践意义。

一、水利水电工程安全控制特征及重要性

水利水电工程建设施工规模庞大，对能源开发应用、持续发展建设发挥了良好价值效益，同时也呈现出一定的危险性，例如一旦发生溃坝以及高边坡失稳问题，则会造成显著的影响。同时该工程深受季节环境的作用影响，因此需要我们注重季节变化以及洪水危害，全面抓住合理时机，制定科学的计划安排，实施精密的施工管理与组织控制，方能有效的预防危机影响，科学做好防洪度汛管理。水利水电工程项目包括较多单项工程，同时各个作业工种、施工工序联系紧密，倘若引发安全事故则会牵一发而动全身，形成连锁影响。同时工程施工建设自然环境相对恶劣，经常会遭遇山洪滑坡以及岩石崩塌、泥石流等灾害事项，施工人员则通常仅能居住在简陋临时的搭建物之中，不具备较强的灾害预防抵抗能力，因此更增加了安全事故的发生概率。由此不难看出，做好水利水电工程安全控制尤为必要，我们只有根据其施工建设特征，制定科学有效的防控策略，方能降低灾害影响，提升生产建设效益，实现健康优质发展。

二、水利水电工程安全控制管理要点

为提升水利水电工程安全施工建设水平，应全面贯彻落实安全生产工作条例，执行行业相关法规，实施强制管理。应发挥监理工作核心作用，促进施工方全面建设安全生产管理组织系统，完善责任管理体制，做好安全生产培训教育，注重对各类分项分部项目的安全技术交底工作。

施工方应依据安全技术相关标准，全面落实各项安全管理防护措施，做好消防管理工作，在冬季应实施必要的防寒保暖，夏季则应做好防暑降温工作，并通过文明的施工管理，有效的卫生防疫营造优质的安全建设环境。应定期进行必要的全过程质量核查，一旦发觉存在违规作业、冒险操作行为应进行严厉查处并快速叫停，管控人员应上报相关单位并积极进行自我整改。对于相关安全生产的资料、数据以及文件应注重全面汇总收集，涵盖许可凭证、营业执照、资质证明、监督管理书、生产机构布设、安全管理员工设置、责任体制与管理系统创建、规章制度明确、特种工人上岗凭证、管控状况、作业工种安全操作管理规程、施工应用设备设施安全技术参数与条件状况等。

对于施工组织设计工作中应用的各类安全措施以及施工方案应进行全面审查，核准安全工作系统以及专项人员的作业资格。对于引入的新工艺、环保节能材料、创新系统结构、新手段应做好安全方案的评估，并制定有效的防控措施。另外，应对各类安全管理设施的生产合格凭证、证明资料进行检验核查，应全面依据法律规范与强制管控标准实施科学管控。

三、水利水电工程安全控制方式策略

做好现场调查，进行故障分析。为发掘安全隐患、有效的弥补漏洞，应对水利水电工程作业现场进行深入调查研究，并利用积极的询问交谈、有效的查阅分析、细致的观察研究掌握更多的外部信息，进行必要的研究，并真正明确危险源，另外可科学编制安全检查相关表格，进行系统深入的评估与识别。可利用危险以及操作性查验，对新型工艺技术存在的潜在危险实施必要的审查以及管控，并快速的利用指导语句以及标准格式探寻水利水电工程存在的工艺偏差，进行系统危险源的科学辨别，明确有效的管控策略。为提高故障分析判断逻辑性，可采用事件树以及故障树进行研究，前者方式可探究初始成因，明确各环节问题的正常以及非常态的变化因素，做出可能结果的全面预测，进行危险源的探究。故障树方式依据水利工程建设有可能引发或已经形成的事故进行研究，探寻相关因素、引发的具体条件以及产生的规律，进而辨别关键的危险源头。上述方式体现出了各自的固有特征，同时具备应用的条件范畴以及一定的局限性。进行识别分析阶段中，应合理的应用两类或更多的研究方式，进而确保结论的科学精准。

完善监督核查，做好隐患处理。水利水电工程的安全管控，做好监督核查尤为重要。应针对相关技术证明、施工设计方案、安全物资证明材料、安全施工数据图表、仪器设备验收管理等材料进行详细的校验审核。同时，应明确施工建设人员、应用主体工具设施、操作方式、工艺技术、现场环境状况有否达到优质的等级，是否契合施工安全整体标准。倘若存在不良问题，应进行必要的纠正与管控。同时，对于一些重要性的工序环节、施工部位以及作业生产活动，则应做好实时管理监督。例如，应做好防护安全用品、模板、垂直运输建设、基坑项目、各个施工脚手架、起重装运设施、高空生产作业、专项仪器设备的安全管控与监督校验，并应配设完整全面的卫生急救设施，做好必要的旁站管理，倘若发觉存在问题，则应全面纠正、及时管控。位于各类存在危险的现场通行位置，应设置警戒标语，并配备红灯进行示警，预防导致意外事故的发生。旁站管理中，依据水利水电工程深基础作业、爆破处理、隐蔽施工、暗挖项目、起重拆卸处理等应加强巡视，并实施不定期的抽查检验。巡视管理不应限定在单一的部位或是施工工艺过程，管理范畴应为现场各类生产安全的总体，同时可借助平行检验，依据相关比例做好管控评估。控制阶段中应有效的分清属于通病问题或是顽疾所在，对于第一次呈现的不可抗力隐患问题，则应通过良好的修订与安全建设的全面整改进行有效的预防。

定期召开工地例会，做好教育培训与补救管理。为协调各方关系，确保各工种、单位的协同配合，应定期组织召开工地例会，有效的应对分歧问题，良好的达成共识，并作出科学的决定。会议之中应就施工阶段中的安全管理状况、包含的不良问题，进行意见交换，并明确有效的整改处理方案，就一些专项的安全管理问题，则应联合多方召开专题会议，讨论并集中处理安全问题。为确保各项安全管理职能落实到位，应成立管理保障系统，组建专职工作机构，并配设称职的工作人员，令施工单位创建健全完善的责任管理机制与群防群治体系。技术工艺的应用，应编制切实可行的实践技术策略，给予一线员工有效的辅助引导，令他们全面熟悉、快速的掌握了解技术标准，进而提升安全建设总体质量水平。

水利水电工程的安全控制，需要做好全员教育培训。尤其对于新进场员工应实施三级管理培训。当开展特殊项目工程前期，还应组织召开专项教育培训。对于引进的新工艺以及岗位轮换人员应实施相应的安全培训。特殊工种人员未取得上岗凭证，没有接受相关安全控制技术培训，则不应上岗作业。应通过基础安全知识培训、意识强化，令员工真正明确保护自身、不伤害别人的工作方针，进而由源头入手切实的防控事故风险。

一旦存在事故隐患以及违规作业问题，应快速的停工并积极的整改，待通过复查合格后方能继续开工。进行伤亡事故的核查调研工作应做到全面整改、并通知业主，依法报告至上级主管部门。为有效的实施补救管理，应编制事故应急管理与防控救援工作预案以及防洪度汛管理方案，成立应急救援工作机构，并配备经验丰富的应急管理工作人员，扩充救援必须设备仪器的投入，做好管理养护，还应定期开展模拟演练，丰富员工自我救助、应急处理的综合技能经验。

应重点做好人身安全、水电水利工程建设、应用设备仪器的保障管理，并强化预防控制。应做好预防高空坠物、不良撞击、机械损伤、触电伤亡、工程坍塌、火灾事故、现场运输交通事故的重点防控，保障在没有安全防护措施的时候不开工、欠缺安全保障的作业不进行，真正实现由事后管控查处的滞后性管理发展为事前积极主动预防的安全管控。

为确保水利水电工程安全管控有据可依，应令总承包方、建设施工单位以及监理方履行水利水电工程安全生产、文明建设责任书以及相关协议资料签订，将其作为管理评估的具体目标，并全面促进各方安全管理、规范生产职责的科学落实。

全面落实、多方配合、强化注重、层级管理为做好水电水利工程安全控制的科学途径，应做到管控工作目标的层级分解以及责任书的逐级签订，方能构建形成安全生产管控的坚固庞大网络体系，将管理责任目标真正的下放至基层，落到实处，明确到具体责任人。

总之，水利水电工程安全控制管理尤为重要，针对工程建设任务繁重、环境复杂，危险隐患较多的现状问题。我们只有制定科学有效的应对策略，明确安全管控核心要点、做好现场调查评估、进行有效的故障分析、完善监督核查、做好隐患处理、定期召开工地例会、做好教育培训与补救管理，方能提升安全建设管理水平，创设显著效益，促进水利水电工程建设实现健全、高效、优质、持续的全面发展。

第四节　水利水电工程安全监测标准化

在水利水电工程的安全管理过程中，水利水电工程的安全监测问题是十分重要。在本节中，主要围绕水利水电工程安全监测标准化相关问题进行了分析，并针对安全监测标准化提出几点建议，以供参考。

我国经济发展水平的不断提高，在很大程度上促进了我国水利水电工程建设的进步与发展，因此，在水利水电工程安全管理工作中，安全监测问题也受到人们的重视与关注。做好工程的安全监测管理，不仅能够使水利水电工程出现事故的概率得以有效地降低，使工程的安全得以保证，而且对于工程管理而言也有着十分重要的现实意义。鉴于此，我们必须要对水利水电工程安全监测的重要性进行明确，并对其安全监测标准化相关的问题进行分析与研究，从而使水利水电工程的开展与进行得以更好地保障。

一、水利水电工程安全监测系统应该满足的要求

需要良好地掌握工程的整体变形过程。在研究所建设工程的过程中，需要对工程的变形进行充分的了解，对于建设工程的变形主要是从建设工程的结构状态与原材料的物理、化学性能等方面的因素来进行考虑。在某些内在与外在的因素影响下，建设工程的形状会很有可能发生一定的变形，对于这种变形问题，如果在一定的范围内就是正常的，但是，如果超过正常的范围就会产生一系列的安全问题，因此，需要对其进行监管，从而使其得到切实有效地控制。

对水利水电工程的安全情况及时地做出评价。在监测并控制水利水电工程之前，对水利水电工程的安全情况进行评价对于水利水电工程安全监测效率及其水平的提高有着重要的基础性作用。同时，在实际监控的过程中，一个十分必要的工作就是对工程的相关安全信息进行反馈，其能够将其中的突发状况进行及时有效地控制，然而，事实往往与之相反，在很多情况下，由于相关单位没有及时地对有关信息进行反馈，因此，就难以及时地进行安全监控或者是采取一定的措施对其进行防范，如此一来就会在很大程度上导致安全事故及其相关问题的发生。

对于建设工程的安全评价要有一定的标准。水利水电工程安全监测需要考虑的问题还包括对于所采集到的信息是否出现异常现象的确定，是根据什么原则来对其进行评价的等等。通过对相关监测仪器进行利用来对水利水电工程进行监测，实际上会采集到相当数量的信息，因而对其进行整理与分析十分必要，同时，还需要与相关的安全标准相结合，来对工程建设中存在的异常情况进行判断，并及时地采取措施对其进行有效的处理与解决。

二、水利水电工程安全监测布置的优化原则

水利水电工程安全监测量，包括变形、应力、渗流等，其在空间上的分布便构成了相应的监测量曲面，我们也可以将其称为监测曲面。一般来说，如果想要将坝体的整体变形状况很好地反映出来，坝体的水平位移可以取沿着坝轴线方向的剖面进行。在监测曲面中，曲面特征，例如某些局部的点、线或者是面能够对曲面的形状产生比较大的影响，如果能够确定曲面的特征区域，那么用少量的点就能够将曲面的变化良好地描述出来。在最能将建设工程整体性反映出来的地方对监测仪表进行布设，比如说，可以在拱坝和拱冠以及拱座的顶部和底部对仪表进行安设，从而对其位移的情况进行监测；也可以将仪表安设在坝基处，从而对水利水电工程的渗水情况进行监测，因此，水利水电工程的安全监测需要对重要的部位进行重点监测，从而实现监测效率的最大化。

对于水利水电工程的监测，在重要部位需要重点监测，例如，在建设工程的主要部位，可以对多个监测仪表进行安设，对建设工程的信息进行监测，如此一来，能够在很大程度上防止一些仪表出现问题之后而引起重要数据丢失的问题发生，保证工程安全监测的有效性，而且通过采取不同的方法来进行安全监测，能够防止一些监测方法失效而造成信息丢失的问题发生。总之，通过采取这些措施能够在很大程度上使建设工程重要部位信息遗漏的问题得以有效地避免。然而，对于建设工程安全监测的一些自动化仪器的价格通常比较高，因此，在安装安全监测仪表的过程中，要尽可能地达到最有效化，从而及时地获取重要部位的信息，并对信息进行及时的反馈，从而对建设工程的安全状况进行有效的控制，此外，为了使建设工程的安全得以保障，还需要对人工测读仪器进行设置，从而使建设工程的安全信息得以有效地获取。

三、工程实例

本节主要是以三峡水利工程为研究基础的，主要通过以下几点展开相关的研究：

仪器布置优化的必要性。对大坝的安全监测仪表布置进行优化，是设计部门必须引起重视的问题之一，这是因为监测系统对于大坝而言有着十分重要的作用，主要表现为以下两点：①对安全监测系统进行设立，能够使大坝的安全性得以很大程度的保证；②目前的安全监测水平不是很高，因此，对于建筑物的安全监测是很难在时间与空间上实现连续，所以对于建筑物的监测就需要选择比较重要的部位进行检测，如此一来，不仅能够使仪器的使用得以减少，而且还能够在一定程度上减少监测的费用，并且还能够实现安全监测资料的有效获取。

仪器布置的优化目标。目前，国内在安全监测仪表的布设方面对一些国外的布设措施进行了一定的借鉴，以三峡工程为基础进行研究主要从以下几点进行分析与探讨：①在监测建筑物时，需要严格地根据关键断面来对监测仪器进行布设。例如，在比较具有代表性的大坝面对监测仪器进行安装，还有就是在坝顶对仪器进行安装，以及在地质敏感地带对安全监测仪器进行安置等，从而对大坝变形的信息进行及时的获取，并对一些防御措施进行制定；②在布设安全监测仪器的过程中，应该尽量不要在同一个位置对不同类型的监测仪器进行布设；③由于三峡大坝施工阶段有着非常大的施工量，并且施工过程中的各个阶段也十分复杂，如果对安全监测仪器的布设工作进行做好，能够在很大程度上减少工作量并节省仪器的经费。

四、水利水电工程安全监测标准化建议

我国的水利水电工程安全监测标准体系经过多年的发展，基本上已经很成熟，相关的技术标准也渐渐地趋于合理化与标准化，人们能够更好地将理论与实践结合在一起。从总体上来说，水利水电工程安全监测标准体系会涉及国家标准、电力行业的标准、水利行业的标准以及其他行业的标准等，在这其中，水利行业与电力行业的标准起着主导性的作用，能够对我国水利水电工程的安全监测工作起到一定的约束与规范性的作用。目前，在我国，水利水电工程安全监测标准化尚存在着一些不足之处，因此，以下主要对水利水电安全监测标准化的实现提出几点建议。

对国家级安全监测技术规范进行统一地制定。目前，在我国，安全监测专业标准主要有两个，一个是电力行业的标准，一个是水利行业的标准，这两项标准虽然为行业性的标准，但是实际上，其在全国的范围内是通行的。同样对于水利水电工程的安全监测适用，但是由于其在相关名词术语、安全监测工作内容以及相关的定义等方面不一致，使得各个行业安全监测工作人员在实际操作的过程中会有比较大的难度，对于安全监测工作的顺利进行有着极为不利的影响，因此，建议由国家组织并邀请各个行业的安全监测专业人士来对以上两个规范进行进一步的研究与探讨，并对其进行重新的修订，对国家级安全监测技术规范进行统一地制定。

对各专业规范的安全监测标准进行整合或者是修编。在我国，各水工规范的安全监测标准也存在不统一的问题，甚至还存在着标准重复化的问题，举例来说，现行的溢洪道设计规范主要有《水闸设计规范》与《水闸工程管理设计规范》，这两个规范中，所涉及的工程安全监测标准并不是一致的。鉴于此，建议相关单位整合水工专业的安全监测标准，对于规范标准重复的现象进行改善并修编，从而使安全监测标准实现统一，并使其更加具有可行性。

对安全监测技术的研究进行进一步加强。从某种意义上来说，水利水电工程安全监测标准体系的形成与安全监测技术的发展之间有着相互作用的关系，具体来说，就是水利水电工程安全监测标准体系的形成需要立足于安全监测技术的发展，而安全监测标准体系还能够对安全监测技术的发展起到一定的促进作用，因此，对水利水电安全监测技术的研究进行进一步的加强十分必要。

总而言之，安全监测对于水利水电工程而言是十分重要的，做好安全监测，能够将一些重要的信息进行及时的采集，并结合这些信息及时地对一些突发状况进行处理，实现水利水电工程安全监测标准化，能够在很大程度上提高水利水电工程的安全管理水平，同时对其经济效益的提高也十分有利，因此，对水利水电工程安全监测的标准化建设进行加强具有十分重要的现实意义。

第五节　水利水电工程安全生产标准化建设

针对水利水电工程安全生产标准化建设的价值进行简单论述，分析当前水利水电工程安全生产标准化建设中存在的问题，主要表现在安全管理理念较为落后，安全生产监管力度不足以及监管人员素质有待提升等方面，提出解决与发展建议，目的在于优化水利水电工程项目管理的效果。

水利水电工程是关系到国民经济发展的重要产业，对居民的正常生活以及国家经济发展也能够产生重要影响，但是由于受到各类外部因素的影响，当前我国水利水电工程建设施工中的问题频频出现，影响着整体的水利水电工程质量。随着现代社会的快速发展，对水利水电工程安全生产提出了更高的要求，需要在全面分析水利水电工程建设需求的基础上，加强相关控制方式的分析，保证现代水利水电工程的安全生产，提升工程建设的质量。文章将基于当前水利水电工程生产的实际情况加以探究，以期能够为相关研究活动带来一定的借鉴价值。

一、水利水电工程安全生产标准化建设的价值分析

水利水电工程安全生产标准化建设，提升工程建设的安全管理水平，保证建设施工人员的个人权益，能够推动水利水电工程事业的发展。

提升工程建设的安全管理水平。水利水电工程安全生产标准化建设，主要是通过对工程施工中各项环节的控制，制定明确的管理标准以及操作规范等，这种方式能够显著提升水利水电工程的整体管理能力。

安全生产标准化建设的过程中，主要是基于国家相关的技术标准、法律规定等实施操作活动，具有一定的风险控制价值。通过工艺流程的控制，管理方式的控制以及施工过程的控制等等，在工程安全管理模式下，为现代企业的发展奠定良好的基础。

保证建设施工人员的个人权益。安全生产标准化建设，能够使水利水电工程建设活动有章可循、有制可依，通过全面的管理制度，规范性的管理流程，约束每一位相关工作人员的行为，其价值在于保证安全生产，使企业获得更多的经济效益以及良好的社会影响力。

水利水电工程安全生产标准化建设，能够对相关施工人员的个人权益加以保证。在这种管理模式下，有助于增强员工的企业归属感以及凝聚力，为水利水电工程建设工作的开展奠定良

好的基础，保证安全生产建设的综合效果。

二、水利水电工程安全生产标准化建设中存在的问题

基于当前水利水电工程安全生产标准化建设的实际情况来看，其问题突出表现在安全管理理念较为落后，安全生产监管力度不足以及监管人员素质有待提升等方面。

安全管理理念较为落后。近些年来，随着我国社会经济的快速发展，水利水电工程取得了较好的成果，但是因为受到各类外部因素的影响，水利水电工程在发展的过程中，仍然存在着诸多问题，对水利水电工程的实际发展会产生不良影响[4]。比如安全管理理念比较落后的问题，便会对现代水利水电工程生产标准化产生不良影响。很多水利水电工程单位实际工作开展中，将重点置于安全问题检查以及安全问题治理方面，但是对水利水电工程建设中安全生产标准化建设的重视程度不足，不利于现代水利水电工程建设活动的有序开展。

安全生产监管力度不足。当前尽管一些企业能够认识到水利水电工程中安全生产标准化管理的价值，但是在实际的运行过程中，却存在着资金支持不足，监管力度不足等相关工作。很多企业中自身监督管理力度比较薄弱，监督管理制度不够健全，资金无法有效供应，阻碍着现代水利水电工程中安全生产标准化管理模式的灵活应用。

监管人员素质有待提升。水利水电工程安全生产标准化建设中，相关的安全管理模式、工作人员的安全管理能力等等，均为影响现代水利水电工程开展质量的重要方式，但是当前我国很多水利水电工程单位中相关安全监督管理人员的个人技能水平不足，专业知识掌握程度较差，这些问题均会对现代水利水电工程安全监管的综合效果产生较大影响。

基于当前我国水利水电工程开展的实际情况而来，安全监管尚处于初级发展阶段，各环节中问题频频发生，安全生产工作人员的专业素质、个人能力相对不足，这些问题也会对安全生产标准化建设活动产生较大影响。

三、水利水电工程安全生产标准化建设的方式

水利水电工程安全生产标准化建设中，可以通过树立安全生产管理意识，明确安全生产目标，制定安全标准建设制度，健全安全管理体系以及开展安全教育培训活动，保证安全管理质量等方式，发挥安全管理的价值，保证各项水利水电工程标准化建设的质量。

树立安全生产管理意识，明确安全生产目标。水利水电工程安全生产标准化建设的过程中，可以严格按照《水利安全生产标准化评审管理暂行办法》中水利水电施工企业安全生产标准化评审标准，树立安全生产管理意识，明确安全生产目标。企业需要将安全生产管理与水利水电工程建设活动项目融合，加强资金供应，成立以专职安全员为主要负责人的安全生产管理部，通过召开安全生产会议制定了安全生产目标，并分解、实施，明确了各部门安全生产责任制。

水利水利工程建设单位可以通过需要规范现场管理，重点检查施工道路的畅通情况、施工现场的垃圾清除情况以及施工现场的设计要求执行情况等等。定期对防雷装置、接地、接零保

护进行检测、制定脚手架搭设（拆除）、使用管理制度，确保用电安全。

制定安全标准建设制度，健全安全管理体系。现代水利水电工程安全生产标准化建设中，需要将其融入各项管理流程，通过项目施工准备阶段的安全管理、实施阶段的安全管理以及项目完成阶段的安全管理等方式，真正发挥安全生产标准化建设的价值。

比如企业可以通过安全生产制度的制定、安全管理方式的研究以及安全生产经验的总结等方式，明确规划安全生产标准化建设的具体流程。在全面提升安全生产标准化建设重视程度的基础上，开展自我检查、自我纠正的活动，不断改进安全生产的长效机制。同时，可以通过全员、全过程、全方位和全天候安全管理，完善和提高了每一位工作人员的自身安全管理水平。企业管理人员需要落实项目建设中的责任，强化基层基础性工作，规范安全管理，将安全生产标准化与职业健康安全管理体系有效结合，全面提升安全管理水平，不断改进安全成效。

开展安全教育培训活动，保证安全管理质量。水利水电工程建设人员的安全管理意识、技术操作能力等等，均为影响现代水利水电工程建设质量的重要因素。针对当前水利水电工程建设中安全问题频频发生的情况，需要全面提升安全教育的重视程度，开展全员安全培训活动，增强每一位工作人员的自我保护意识以及安全防范意识。

培训活动中，需要及时识别适用的安全生产法律法规、规程规范等，及时向员工传达，将安全生产管理制度发放到相关工作岗位。通过防汛演练、搭设防护脚手架和挂设安全网实践练习等方式，将理论知识讲解与实践技能相互融合，同时，还可以通过专题讲座、经验讨论会等方式，营造良好的企业发展氛围，交流项目建设中的相关安全防护经验等等。每一位参与工程建设人员，在进入项目之前，均需要参与安全培训活动。保证安全管理的综合效果。

水利水电工程质量，会直接影响国家经济发展，对现代经济建设活动能够产生重要影响。水利水电工程安全生产标准化建设中，可以通过树立安全生产管理意识，明确安全生产目标；制定安全标准建设制度，健全安全管理体系以及开展安全教育培训活动，保证安全管理质量等方式，最大限度降低各类安全事故发生率，提升每一位水利水电工程建设参与人员的综合能力、操作水平等等，保证安全生产，使企业获得更多的经济效益以及良好的社会影响力，为现代水利水电施工建设活动的开展奠定良好的基础。

第六节　水利水电工程安全管理信息化

针对水利水电工程安全管理中信息化技术的应用，做了简单的论述，总结了信息化技术应用的重要性，提出了应用的策略。从安全管理实践来说，引入信息化技术，例如 BIM 技术，能够提高管理工作的全面性和精细化水平，提高安全监督管理水平，保障安全管理效益目标的实现。现结合具体应用研究进行分析。

近年来，信息化技术快速发展，基于计算机技术以及现代化科学技术等的支持，技术水平不断提高。在水利水电工程安全管理工作实践中，引入信息化技术，对生产作业全过程实施监测以及监控，根据采集的数据信息，经过汇总和分析，能够为安全管理决策及其实施提供有力依据，保障工程有序开展。现结合具体实践进行如下分析：

一、水利水电工程安全管理中信息化技术的应用价值

若发生安全事故，必然会造成重大损失。例如，某水利水电工程项目，在拆除厂房 5 号机组内弧模板的作业实践中，在只有 16cm 宽度的工字钢围楞木上开展拆除作业，1 名作业人员作业时钢丝绳联接卸扣时发生坠落，坠落到 10m 高的 5 号机尾谁平台上，最终死亡。强化水利水电工程建设安全管理工作，有着重要的意义，从安全管理实际来说，采用信息化技术手段，能够提高水利水电工程施工的安全水平，有着重要的意义。其应用价值体现如下：①增强管理工作全面性以及精细化程度。②提高安全监督的水平。安全管理实践中采用信息化技术，及时掌握安全生产信息，能够为安全管理工作的开展，提供数据信息的支持，保证各项工作的有序开展。

二、水利水电工程安全管理信息化技术应用的问题

信息处理效率低下。从水利水电工程实践来说，开展工程设计以及施工流程等各项工作，要依据各类施工资料以及数据信息等，制定相应的方案，进而保证方案和计划的科学性以及合理性。不过在工程项目运行实际来说，信息收集工作的开展受到工期因素和场地环境因素等的影响较大，同时信息类型和精准度等差异，常见数据缺失以及不精准等问题，影响着安全管理工作的开展。在工程作业中引入信息化技术，构建完善的信息系统，整合各类数据信息，能够降低安全管理信息的难度，提高工作效率。

部门之间的协作力不强。从安全管理工作的落实角度来说，需要各个部门和专业的相互配合，才能够最大程度上保证生产作业的安全性。目前来说，部门之间的协作力不强，影响着安全管理工作的开展以及开展效果。应用信息化技术，构建完善的安全管理系统以及信息数据库，能够为安全风险识别和风险防范等工作的开展，提供数据信息的支持，除此之外，还能够打破部门的信息孤岛问题，保障各项安全管理工作高质量落实。

信息化技术的应用不强。从当前水利水电工程安全管理现状来说，很多工程项目的安全管理采取的是传统模式，缺少对信息化技术的合理应用，无法保证安全管理目标的实现。例如，开发的安全管理信息化软件，因为缺少创新精神以及钻研精神，研发的信息化系统功能不完善、性能很差而且标准很低，难以为安全管理工作的开展提供有力支持。基于此，需要加大信息化的建设力度，提高管理的水平。

三、水利水电工程安全管理中信息化技术的应用策略

引入 BIM 技术辅助安全管理。从安全管理实际来说 BIM 技术的应用，能够提高管理水平

和效益。在具体应用中主要如下：①基于 BIM 技术构建水利水电工程安全评价体系。通过构建 3D 建筑模型，实现水电接口自动化，采取此方式构建的安全评价体系，具有速度快以及准确度高等优势，被广泛应用。②辅助施工安全管理。在安全管理工作中应用 BIM 技术，能够实现安全隐患的有效预防和控制。构建 BIM 模型，将各类参数录入到计算机系统内，自动化构建水利水电工程安全管理模型，借助软件的模拟分析以及检测功能，能够精准找出安全隐患，及时采取安全处理措施，营造安全系数较高的生产环境。利用 BIM 技术，辅助安全检查和管理工作，要做好流程的把控。首先，按照规则标准，合理构建 BIM 模型，保证其具有自动化检查功能，同时细致并且全面反映安全措施。其次，构建的安全管理模型，要包括名称和类型等，为施工安全检查工作的开展，提供有力依据。再次，执行检查并且生成检查报告，提供可读数据为施工安全管理工作人员提供支持，同时结合构建的工程模型，组织实施安全检查，生成安全检查表以及可视化安全防护设备。最后，制定并且实施安全措施，为安全管理决策者提供有力依据。

加大软件自主研发力度。从水利水电工程安全管理中信息化技术的应用实际来说，很多项目为实现成本以及其他资源的节约，多采取直接购买安全管理信息软件的方式，引入信息化技术。结合工程安全管理需求，对引入的软件进行改造，虽然能够满足安全管理的基本需求，但是极易出现软件不匹配的问题，需要改造软件，增加了使用成本。基于此，为了能够满足安全管理需求，必须要不断加大安全信息化管理软件的研发力度，研发出具有高水平的安全管理软件。

合理选择信息化技术。从安全管理实际来说，可应用的信息化技术类型较多，若想要保证水利水电工程安全管理工作到位，必须要合理选择信息化技术。目前来说，主要采用以下技术：①工程管理系统。目前来说，水利工程管理工作中应用的工程管理系统，以集成型系统为主，安全管理为其中一个功能模块，能够满足部分安全管理工作开展的需求，不过安全管理功能相对单一，要合理选用。②计算机仿真技术。引入此技术手段，发挥技术高速数据信息处理和数据存储等优势，将计算机技术和工程安全管理工作相互结合，精准分析和处理工程参数，能够为安全管理工作的开展提供支持。③基于信息化技术的视频监控系统。在工程安全管理实践中，引入信息化技术，构建施工现场的视频监控系统，辅助作业现场安全巡查工作的动态化开展，及时掌握安全生产现状，为各项安全管理工作的开展提供依据。④引入信息化技术，辅助机械设备的安全操作管理。目前来说，在水利水电工程生产中机械化设备的应用不断增加，由于机械设备操作不规范，极易引发安全事故。对于此情况采用信息化技术，构建人脸识别系统以及安全控制系统等，强化对机械设备运行的全过程把控，规范机械设备的操作，确保安全管理工作全面落实，促使安全管理目标的实现。

加大信息化建设的投入力度。从水利水电工程安全管理实践来说，应用信息化技术，借助卫星技术和雷达技术等，能够提供丰富而且精准的信息，为各项管理工作的开展，提供有力的保障。基于信息化技术，能够保证水利水电工程安全管理的数字化以及信息化。利用此技术手段，能够提高资料数据的传输速率。搭建高水平的信息资源共享平台，对提高安全信息的利用率，有着积极的意义。除此之外，基于信息化技术手段，构建视频监控系统，实现施工作业现场情况的实时传递，借助各类信息化技术手段，高效分析数据信息，同时显示数据信息，能够为安全管理决策提供相应的信息，保障安全管理目标的实现。若想充分发挥信息化技术的应用优势，提高水利水电工程安全管理水平，要注重加大信息化建设的投入力度，为安全管理工作的开展提供有力支持，保障安全管理工作的开展，促使各项安全管理工作高质量落实。

综上所述，水利水电工程安全管理中信息化技术的应用，若想充分发挥技术的优势，要结合技术应用的实际情况加以完善和控制，在具体实践中采取以下措施：引入 BIM 技术辅助安全管理；加大软件自主研发力度；合理选择信息化技术；加大信息化建设的投入力度。

第六章　水利水电工程实践应用研究

第一节　灌注桩在水利水电工程的应用

灌注桩施工是现代水利水电工程施工常用的施工技术之一，但是灌注桩施工多在水下进行施工，这就给施工造成较大的影响。本节通过分析钻孔灌注桩的技术要求以及具体运用，并且就影响灌注桩施工质量的因素进行了探讨并提出科学的控制策略，以期为水利施工提供建议。

对于水利水电工程的建设来说，它对各方面的技术要求非常高，尤其是对于灌注桩技术有着更加严格的要求，那么面对灌注桩技术的复杂性，必须要对它的工作环境以及施工条件进行一个严格的把握，除此之外，还要对灌注桩技术的质量控制进行科学的设计和研究，来保证施工工艺的合理进行，只有这样才可以更好地促进灌注桩技术在水利水电工程的应用与实施，实现工程质量的进一步提高。希望通过本节的研究，可以提出科学合理的建议。

一、灌注桩施工工艺分析

灌注桩结构施工对于水利水电工程来说极为重要，是当前常采用施工结构之一，其具体施工工艺如下所示：

（一）钻孔及清孔

对于灌注桩技术的实施来说，最先要进行的步骤就是对钻孔及清孔位置的确定。首先对于钻孔的施工注意点时要求保护筒放置在准确的位置，一般来说最为恰当的位置就是将保护筒放置在离地面多于10cm高的地方，而且埋入土中的部分应该超过20cm。除此之外，在进行钻孔的时候，要注意进行垂直钻孔，保证较小的误差，这样才可以更好地保证钻孔的顺利进行；其次还在在钻孔之后，进行清孔的工作。清孔就是要求在钻孔之后空隙中不能够留有较大的颗粒和沉淀物，泥土厚度不能够超过10cm，泥浆含砂量小于40%，只有这样才能够保证灌注桩技术的正常实行。

（二）制作和安装钢筋笼

灌注桩技术的第二个步骤就是要制作和安装钢筋笼，首先要提前对钢筋笼的具体结构进行一个科学的设计，要保证制作出来的钢筋笼符合实际的需要，对钢筋笼的尺寸、型号等进行仔细的比对，而且还要对钢筋笼的质量进行多次的检测，只有这样才可以保证操作环节顺利进行。在进行钢筋笼安装的环节时，要求施工人员必须要严格按照施工要求进行操作，首先要对施工的实际环境进行检查，看是否会影响钢筋笼的安装与使用；其次还要检查钢筋笼材料在运送的过程中是否完好；最后在钢筋笼进行放置的时候，要严格操作，找准位置，进行一次安放，避免多次的安放，造成钢筋笼的损坏。

（三）灌注混凝土

在进行混凝土浇筑之前，应该采用专用的清洁工具对于模具内部进行清理，同时在清扫后的模具内部进行洒水，以使其保持均匀湿润状态。在浇筑较高的垂直立柱的时候，为避免因为垂直立柱较高而带来的搅拌不充分，造成混凝土内部产生空穴，影响灌注桩整体结构稳定性，应该布置串筒溜槽来保证混凝土顺利凝结。除此之外，对于混凝土来说，也要严格把关，对于缓凝土的材料对比，也就是各个原料的合成比例，一定要进行严格的检测，要保证混凝土质量的合理性。与此同时，还要提高灌注工人的技术，严格监督灌注人员的施工流程，避免因为不合理的施工过程而造成工程质量的下降。只有完成了以上几个重要的步骤，才可以进一步保证灌注桩技术的科学进行，促进水利水电工程的发展。

二、灌注桩结构施工控制策略

（一）提升施工人员的整体素质

在施工处理阶段技术人员、监理人员以及质检人员应该树立高度的责任意识，做好自己的本职工作。建立质量小组，做好混合料的采购、配比、混合搅拌、碾压成型以及接缝处理等工作，始终将质量作为最高标准，定期对于施工人员进行专业技能培训，以提升其整体素质。在地形地貌复杂地区进行水利工程施工时候，灌注桩施工很容易受到影响，因此相关技术人员应该综合考虑施工条件、沥青混合料特性、路面长度以及厚度等因素后，采取最佳的处理技术，在工程实践中不断摸索，不断总结，加强施工人员的质量意识，充分发挥出施工人员的工作效能，同时在施工阶段，应该安排专门的质检人员进行质量监督，做到及时发现问题、及时解决问题，全面提升灌注桩结构施工质量。

（二）加强原材料的取样试验管理

取样试样是水利水电工程试验检测的核心环节之一，这就要求质检人员要具备娴熟的检测技术，能够采用科学有效的检测方法进行检测。例如在检测袋装水泥的质量的时候，应该就对同一出厂时间、生产厂家以及标号的水泥采用相同的检测方法进行检测，要求检测水泥样本质量不得低于水泥总量的1‰，且抽样监测点不得低于20个。如果抽样的水泥总量不低于1000吨，那么就需要采取分批测量的方式进行检测，在测试中严格规范水泥取样试样操作，从而有效保证检测的精准度。很多建筑材料对于环境的温度和湿度较为敏感，如果环境温度、湿度与建筑材料的理想检测标准相差较大，那么就会给检测结果造成较大的影响。

（三）加强混凝土施工质量管理

根据高性能混凝土施工工艺要求制定详细的施工技术规定，就混凝土的材料的选择、浇筑、质量管理以及后期的养护等方面进行详细的规定，从而确保混凝土的施工质量。制定《产品质量标准》，明确混凝土混合物和成型后的性能指标以及验收方法。施工方案中要预留施工缝的位置，在混凝土基本成型之后清除混凝土表面的水泥浮浆以及松动的碎石，清理完成之后使用水进行冲洗作业，采用高标号的水泥泥浆均匀填抹混凝土表面，用混凝土细致捣实使新旧混凝土结合密实；加强对于混凝土振捣的质量控制，依据现有的施工图纸以及混凝土成型规范，加强对于振捣作业人员的技术指导，避免因为振捣方式不达标造成混凝土的质量问题。在施工的时候严把质量关，按照设计要求及灌注桩施工规范要求进行施工，管理人员要不定时进行现场巡查，发现施工问题要及时上报处理。

第二节　水利水电建筑工程施工技术应用

目前，我国水利水电工程项目逐渐增多，越来越多的新技术应用其中，这在很大程度上推动了水利水电事业的稳定发展。

随着经济的进步与社会的发展，人们越来越重视水利水电工程发挥的实际作用。水利水电工程对我国人民而言意义重大，若是没有水利水电工程，那么人民的日常起居都无法正常进行。为此，国家应当加强对水利水电工程的关注，确保水利水电工程的施工技术能够提高，从而促进水利水电工程的建设。

水利工程的施工时间长久、强度大，其工程质量要求较高，责任重大等特点，所以，在水利工程的施工中，要高度注重施工过程的质量管理，保证水利工程的高效、安全运转。水利工程施工与一般土木工程的施工有许多相同之处，但水利工程施工有其自身的特点：

首先，水利工程起到雨洪排涝、农田灌溉、蓄水发电和生态景观的作用，因而对水工建筑物的稳定、承压、防渗、抗冲、耐磨、抗冻、抗裂等性能都有特殊要求，需按照水利水程的技术规范，采取专门的施工方法和措施，确保工程质量。

其次，水利工程多在河道、湖泊及其它水域施工，需根据水流的自然条件及工程建设的要求进行施工导流、截流及水下作业。

再次，水利工程对地基的要求比较严格，工程又常处于地质条件比较复杂的地区和部位，地基处理不好会留下隐患，事后难以补求，需要采取专门的地基处理措施。

最后，水利工程要充分利用枯水期施工，有很强的季节性和必要的施工强度，与社会和自然环境关系密切，因而实施工程的影响较大，必须合理安排施工计划，以确保工程质量。

分析水利建筑施工过程中施工导流与围堰技术。施工导流技术作为水利建筑工程建设，特别是对闸坝工程施工建设有着不可替代的作用。施工导流应用技术的优质与否直接影响着全部水利建设施工工程能否顺利完成交接，在实际工程建设过程中，施工导流技术是一项常见的施工工艺。现阶段，我国普遍采用修筑围堰的技术手段。

围堰是一种为了暂时解决水利建筑工程施工，而临时搭建在土坝上的挡水物。一般而言，围堰的建设需要占用一部分河床的空间。因此，在搭建围堰之前，工程技术管理人员应全面探究所处施工现场河床构造的稳定程度与复杂程度，避免发生由于通水空间过于狭小或者水流速度过于急促等问题，而给围堰造成巨大的冲击力。在实际建设水利施工工程时，利用施工导流技术能够良好的控制河床水流运动方向和速度，再加上，施工导流技术应用水平的高低，对整体水利建筑工程施工进程具有决定性作用。

对大面积混凝土施工碾压技术的分析。混凝土碾压技术是一种可以利用大面积碾压来使得各种混凝土成分充分融合，并进行工程浇注的工程工艺。近年来，随着我国大中型水利建筑施工工程的大规模开展，这种大面积的混凝土施工碾压技术得到了广发的推广与实践，也呈现出了良好的发展态势。这种大面积混凝土施工碾压技术具有一般技术无法替代的优势，即能够通过这种技术的应用与实践取得相对较高的经济效益和社会效益。再加上，大面积施工碾压技术施工流程相对简单，施工投入相对较小，且施工效果显著，其得到了众多水利建筑工程队伍的信赖，被大量应用于各种大体积、大面积的施工项目中。与此同时，同普通的混凝土技术相比，这种大面积施工碾压技术还具有同土坝填充手段相类似，碾压土层表面比较平整，土坝掉落概率相对较低等优势。

水利施工中水库土坝防渗、引水隧洞的衬砌与支护技术：

水库土坝防渗及加固。为了防止水库土坝变形发生渗漏，在施工过程中对坝基通常采用帷幕灌浆或者劈裂灌浆的方法，尽可能保证土坝内部形成连续的防渗体，从而消除水库土坝渗漏的隐患。在对坝体采用劈裂灌浆时，必须结合水利建筑工程的实际情况来确定灌浆孔的布置方式，一般是布置两排灌浆孔，即主排孔和副排孔。具体施工过程中，主排孔应沿着土坝的轴线方向布置，副排孔则需要布置在离坝轴线 1.5m 的上侧，并要与主排孔错开布置，孔距应该保持在 3 至 5 米范围内，同时尽量要保证灌浆孔穿透坝基在坝体内部形成一个连续的防渗体。而如果采用帷幕灌浆的方法，则应该在坝肩和坝体部位设两排灌浆孔，排距和劈裂灌浆大体一致，而孔距则应该保持在 3 到 4 米，同时要保证灌浆孔穿过透水层，还要选用适宜的水泥浆和灌浆压力，只有这样才能保证施工的质量。

水工隧洞的衬砌与支护。水工隧洞的衬砌与支护是保证其顺利施工的重要手段。在水利建筑工程施工过程中常用的衬砌和支护技术主要包括：喷锚支护及现浇钢筋混凝等。其中现浇钢筋混凝土衬砌与一般的混凝土施工程序基本一致，同样要进行分缝、立模、扎筋及浇筑和振捣等；而水工隧洞的喷锚支护主要是采用喷射混凝土、钢筋锚杆和钢筋网的形式，对隧洞的围岩进行单独或者联合支护。值得注意的是在采用钢筋混凝土衬砌时，要注意外加剂的选用，同时要注意对钢筋混凝土的养护，确保水利建筑工程的施工质量。

防渗灌浆施工技术：土坝坝体劈裂灌浆法。在水利建筑工程施工中，可以通过分析坝体应力分布情况，根据灌浆压力条件，对沿着轴线方向的坝体予以劈裂，之后展开泥浆灌注施工，完成防渗墙的建设，同时对裂缝、漏洞予以堵塞，并且切断软弱土层，保证提高坝体的防渗性能，通过坝、浆相互压力机的应力作用，使坝体的稳定性能得到有效地提高，保证工程的正常使用。在对局部裂缝予以灌浆的时候，必须运用固结灌浆方式展开，这样才可以确保灌注的均匀性。假如坝体施工质量没有设计标准，甚至出现上下贯通横缝的情况，一定要进行全线劈裂灌浆，保证坝体的稳固性，实现坝体建设的经济效益与社会效益。

高压喷射灌浆法。在进行高压喷射灌浆之前，需要先进行布孔，保证管内存在着一些水管、风管、水泥管，并且在管内设置喷射管，通过高压射流对土体进行相应的冲击，经过喷射流作用之后，互相搅拌土体与水泥浆液，上抬喷嘴，这样水泥浆就会逐渐凝固。在对地基展开具体施工的时候，一定要加强对设计方向、深度、结构、厚度等因素的考虑，保证地基可以逐渐凝结，形成一个比较稳固的壁状凝固体，进而有效到预期的防身标准。在实际运用中，一定要按照防渗需求的不同，采用不同的方式进行处理，如定喷、摆喷、旋喷等。灌浆法具有施工效率高、投资少、原料多、设备广等优点，然而，在实际施工中，一定要对其缺点进行充分的考虑，如地质环境的要求较高、施工中容易出现漏喷问题、器具使用繁多等，只有对各种因素进行全面的考虑，才可以保证施工的顺利完成，进而确保水利建筑工程具有相应的防身效果，实现水利建筑工程的经济效益与社会效益。

水利建筑工程施工技术的高低直接影响着水利项目应用效率的高低。因此，我们需要对水利工程的相关技艺进行深入的研究和分析，同时加强施工过程中的管理，保证其施工的顺利进行，确保水利建筑工程的施工质量，为未来国家经济的发展发挥其更加重要的作用。

第三节　水利水电工程中防渗技术的应用

近年来社会和经济的快速发展有效地带动了水利水电工程建设的进程。由于水利水电工程建设质量与人们的生活质量息息相关，因此要实际施工过程中要重视水利水电工程建设质量。特别是水利水电工程渗漏问题，需要充分的应用各种先进的防渗技术加以应对，以此来保证水利水电工程的质量和安全。文中分析了水利水电工程防渗技术应用的重要性，并进一步对水利水电工程中防渗技术的应用进行了具体的阐述。

水利水电工程建设过程中防渗一直是一项重大难题，水利水电工程防渗质量直接关系到水利水电工程的质量，因此在实际施工过程中，需要针对水利水电渗漏问题来采取相应的防渗技术措施，以此来提升水利水电工程防渗能力，这不仅有利于提高水利水电工程的建设质量，而且对维护水利水电工程安全、稳定的运行也具有非常重要的意义。

一、水利水电工程防渗技术应用的重要性

水利水电工程防渗不同于其他工程，在实际施工中，对水利水电工程抗震性能具有较高的要求，这也需要全面提升水利水电工程基础建筑设施的防渗漏效果。水利水电工程一旦发生渗漏，则会导致严重的安全隐患，会对人们的生命财产安全带来较大的影响，影响水利水电工程的整体性能。因此在实际工作中，要通过详细的勘察，针对水利水电工程的渗漏隐患进行分析，以此来减少安全事故的发生。导致水利水电工程渗漏发生多是由于位置不对，地基强度达不到标准，再加之施工技术缺陷等问题，从而导致地基防渗措施执行不到位，因此而引发渗漏。在现代社会快速发展过程中，水利水电工程为农业灌溉、生活用电及航运等方面都具有非常重要的作用，但水利水利工程的渗漏问题会给人们带来一定的威胁因此需要积极解决，针对具体渗漏问题发生原因进行分析，提出具有针对性的解决对策，全面提升水利水电工程的建设质量，确保水利水电工程整个效益的实现。

二、水利水电工程中防渗处理技术的应用

复合土工膜的应用。在水利水电工程中，对复合土工膜进行有效应用，能够对渗透问题进行解决，因为复合土工膜为一种材料，其具备一定的复合型特点，同时，该材料使用期间，其重量轻、具备较强的延展性。将该技术应用到水利水电工程中实现防渗处理，使用的价格较低，也会实现较强的防渗性能，促进其应用范围的广泛性。在水利水电工程中应用复合土工膜的时候，还需要注意到一些问题，期间，在实际应用期间，需要根据实际的渗漏问题，对土工膜的类型进行选择。后期，还需要对土工膜进行科学、合理选择，保证能够与防渗体之间实现良好接缝，这样才能在土工膜与防渗体之间，实现更为可靠的连接效果。不仅如此，在水利水电工程施工工作中，还需要对土工膜进行保护，减少土工膜受到的伤害，以防止其产生渗漏问题。

水利水电工程中灌浆技术的应用。水利水电工程防渗处理中，通常采用的灌浆技术以高压喷射灌浆技术、卵砾石层防渗帷幕灌浆技术和控制性灌浆技术为主。在应用高压喷射灌浆技术时，需要进行钻孔，然后将高压水泥浆压入孔内，使水泥浆与钻孔中的土体实现有效整合，增强防渗层的强度，提高水利水电工程的防渗效果。在具体高压喷射灌浆施工过程中，还可以根据实际情况来调速灌浆性能，并通过应用摇摆式喷射、旋转喷射等方式来提高具体的施工效果。在应用卵砾石层防渗帷幕灌浆过程中，需要将黏土与少量水泥结合进行使用，二者形成的浆液作为灌浆的主要材料，在具体施工过程中，由于这种技术无法形成钻孔，因此需要使用到套阀管和打管等灌浆方式。控制性灌浆作为一种传统的施工方式，通过控制浆液压力和流量，有效的提升灌浆效率，并对灌浆范围进行控制，从而确保水利水电工程能够达到较好的防渗效果。

水利水电工程中防渗墙技术的应用。水利水电工程防渗施工过程中，还会应用到防渗墙技术，主要以链斗防渗墙、锯槽防渗墙、薄型抓斗防渗墙及射水防渗墙等施工技术为主。在利用链斗防渗墙施工时，需要采用链斗式开槽机，在排桩旋转的同时利用链斗进行取土，然后将排

桩斜放至成墙深度，应用开槽机开挖沟槽，采用泥浆来对沟槽进行护壁，这种施工技术在砂土、黏土和砂砾石地层中应用更为适宜。利用锯槽防渗墙施工技术过程中，需要利用到锯槽机中的刀杆，按照一定的角度进行重复切割运动，并与地层的情况有效结合，随时调整切割的速度，及时将切割的渣土排出槽外，采用泥浆进行护壁，最后利用塑造性混凝土完成浇筑。通常情况下浇筑的防渗墙宽度保持在 20～30cm，其开槽的深度和宽度都能够达到较高的水平，并能够连续成槽作业，因此在多种地质条件下都适宜应用锯槽防渗墙施工技术。应用薄型抓斗防渗墙施工技术进行防渗墙施工主要是利用薄型的抓斗将土槽挖开，再利用泥浆对其进行护壁处理，再进行塑性混凝土的浇筑后形成薄壁的防渗墙，由于采取此防渗墙施工工艺的最大成墙深度高达 40m，因此，在砂土和黏土以及砂砾土层中得到了广泛的应用。射水防渗墙施工技术的应用需要混凝土搅拌机、浇筑机和凿孔机共同完成。首先采用水流速度较高的水枪将土层进行切割，但此水枪位于凿孔机之内，是凿孔及的喷嘴，并通过不断的上下运动完成整个孔壁修整和切割的过程，再利用泥浆对其进行护壁，结合实际需要，采取反循环或者正循环的方式进行出渣，再进行塑性混凝土的浇筑后形成薄壁的防渗墙，其厚度在 0.22～0.45m 之间，但深度能高达 30m，具有较高的成墙垂直精度，尤其在堤坝加固中应用最为有效。

在当前新时期，水利水电工程建设数量和规模都有所增加，这就要求施工企业更要重视水利水电工程的防渗施工，在整个工程施工全过程中，都需要将渗漏问题的处理放在首位，并重视各种防渗技术的应用，以此来提高水利水电工程的防渗性能，确保水利水电工程整体质量的提升。

第四节　信息技术在水利水电工程管理中应用

当前，我国的社会生活环境发生了巨大的变化，新能源取得了前所未有的进步。水利水电工程数量不断增多，工程管理日渐成为人们关注的重点，在水利水电工程管理中，应用信息技术能可有效提高管理效率。本节就将分析信息技术在水电工程管理中的应用，以供参考。

信息技术是现代社会发展中的主要动力。在我国，水利水电工程建设和管理是政府关注的重点问题，其一方面能够起到防洪减灾的作用，另一方面还可增大水资源的开发利用率。信息技术在水利工程中的应用能够促进水利工程管理工作的有效开展，推动我国水利事业的不断前行。

一、信息技术在水利工程施工管理中的作用

促进施工数据共享。工程施工中，信息技术为远程施工数据共享提供了技术支持，加强各部位施工的协调性。另外，GPS 技术和 RS 技术的应用能够充分展现工程的施工进度，从而为管理层了解施工情况提供更加全面和直观的数据支持。

施工交流沟通更加方便快捷。当前,施工交流沟通和协调对信息技术的依赖程度明显提高,利用通信设备,工程师可及时了解施工现场的概况,工程师也可结合现场的影像资料对施工现场中的问题制定有效的解决方案,采用信息技术检查工程管理标准,对质量监管机制的完善有着重要作用。

促进施工现场安全监测的全面开展。信息技术可充分利用传感器设备监管水利工程基本的运行概况。水利工程施工中,周期较长,工程涉及的范围较广,采用蛇形头等设备既可远程监测工程施工中的安全隐患,也可及时发现施工人员的违规操作行为,确保工程施工的规范性及安全性。

二、水利工程建设管理中信息技术的应用

数据采集中的应用。水利工程管理中,数据采集主要采用 GPS 技术,其可加强数据采集的准确性,且利用 GPS 技术采集到的数据信息还具有较强的及时性,能够为水利工程管理工作提供新鲜翔实的信息,及时更新各项数据,方便修改。创建 GPS 数据控制网络可实现数据的科学追踪,同时也可充分结合水利工程管理的基本需求,采集到传统采集技术无法采集的数据,保证水利工程管理人员高效掌握可靠的数据信息。另外,GPS 技术的环境适应能力较强,恶劣天气和气候因素对技术的影响较小,所以,利用该技术可快速地采集多种数据,能够第一时间对突发状况做出反应,从而增强数据采集的准确性。

工程监测中的应用。水利工程管理中,GPS 技术为核心的信息技术在工程监测中发挥了十分重要的作用。工程监测中,GPS 技术可实现连续 6 小时误差在 1mm 以内的观测精度,同时,其垂直观测的误差也不会超过 1mm。所以说,GPS 技术可提高工程观测的精度,改善监测的效果。在工程监测的过程中应用 GPS 技术需要设置监测点,其可接收不同类型的数据信息,增强数据测算的准确性,加强监测的效果。与传统的监测方法相比,该技术的优势十分明显。GPS 技术不易受外界因素的干扰,可 24 小时不间断地监测各类数据,强化了监测的整体效果。

工程绘图中的应用。工程绘图在水利工程管理中扮演着重要的角色,其对水利工程管理工作具有显著的影响。以往的水利工程管理工作中,主要采用人工绘图的方式,需要消耗较多的资金和资源。且在传统水利工程建设管理中,采用人工绘图方式无法保证绘图的质量,无法对局部图纸加以调整。而合理应用信息技术则可显著提升绘图的准确性,而且也可降低工作人员的工作压力。近年来,水利工程绘图中 CAD 技术逐渐得到广泛应用,采用 CAD 技术为中心的信息技术操作便捷,且修改方便,显著提高了绘图效率。

工程辅助中的应用。水利工程管理中涵盖的内容较多,且其十分复杂,采用传统的管理方式无法达到理想的管理效果。在水利工程管理中,采用 CAD 技术和其他相关的信息技术可起到辅助水利工程管理的目的。CAD 技术在技术优势上十分明显,具有强大的绘图功能,可及时处理各类数据信息,同时可视化功能为水利工程管理提供了诸多的便利。再者,CAD 技术中也可分为多种不同的技术,如 VBA 等,能够实现高级的语言编程,让设计人员结合水利工

程结构的复杂性编写程序，实现制图的参数化，从而加强工程数据的处理效果，改善工程管理的效率。

三、水利工程管理中应用信息技术的有效策略

高度重视信息技术。现如今，部分水利工程管理人员依然采用传统的管理模式和管理观念，并不重视信息技术的合理应用，在水利工程管理中并未普及信息技术，对此，相关工作人员需在水利工程管理中，合理应用信息技术。企业要积极转变传统的水利工程管理观念，引导管理人员正确认识信息技术在水利工程管理中的作用，以更加积极地态度掌握并应用信息技术。此外，水利工程管理人员在日常工作中应主动学习信息技术的使用技巧，在水利工程管理工作中，合理应用信息技术，从而完善水利工程管理工作，提高水利工程管理的综合水平。合理应用信息技术，可以增强数据信息采集的准确性，极大程度地改进数据信息的分析管理，最终创建完善的信息片技术平台，充分发挥出信息技术的积极作用。

合理应用水利信息数据库。为了提升水利工程管理的综合水平，更好地在水利工程中应用信息技术，相关工作人员要创建系统信息数据库，合理利用数据库中的信息。目前，创建科学性及专业性较强的信息数控库，已经成为水利工程管理中的重点，其可显著提高水利工程管理的质量。

建立水利工程信息数据库需要整理大量的水利工程数据信息，以期丰富信息资源，增大信息开放与共享的程度。国家创建的水资源信息数据库涵盖了较多的内容，这使得信息技术在水利工程管理中得到了广泛的应用。管理人员应当做好数据信息整理和统计工作，丰富数据库的数据信息，从而以翔实的数据信息推动水利水电工程管理工作的顺利开展。

培养专业的信息技术人才。在水利工程管理中若要更好地应用信息技术，就需高度重视专业化人才的培养。有关部门务必高度重视信息技术人才培养，优化水利工程管理团队，以期提高水利工程管理的质量。在水利工程管理工作中，有关部门要创建完善的人才培养机制，针对技术人员，开展定期或不定期的技术培训，让其及时了解最新技术，掌握并应用先进的科学技术。再者，加大技术人员的考核力度，确保技术人员熟练地掌握信息技术的应用技能，持证上岗。与此同时，水利工程管理单位还需积极引进高素质的管理人才，给予其较高的薪资待遇，并对现有的管理人员进行专业知识和技术培训，进而创建更加优秀的管理团队，优化水利水电工程管理水平。

完善开发模式设计。在水利水电工程管理中应用信息技术时，要将开发模式设计作为重点内容。水利工程管理具有一定的复杂性和系统性，且管理内容较多，在日常工作中需要接触大量的数据信息，只有应用信息技术，方可提高信息处理的效率。水利工程管理单位需要根据工程实际，创建信息技术平台，加强数据统计、整理和实时更新，并应用 GIS 技术和 RS 技术形成可视图像，推动工程管理工作的高效进行。

现阶段，我国水利水电工程已经取得了较大的发展和进步，水利水电工程管理任务也越来

越重。为了改善水利水电工程管理的质量，企业需在日常工作中科学应用信息技术，充分发挥现代科技的优势，以此推动我国水利事业的稳步前行。

第五节　电气自动化在水利水电工程中的应用

简单介绍了水利水电工程中电气自动化技术作用，针对电气自动化在水利水电工程中的应用展开了深入研究，希望可以对电气自动化在水利水电工程中的应用起到一定的参考和帮助，提高电气自动化在水利水电工程中的应用有效性，更好地满足水利水电工程自动化发展需要，充分发挥电气自动化技术价值和作用，支持我国水利水电行业的持续稳定发展。

在科学技术发展过程中，电气自动化技术在各个行业有广泛应用，将其应用在水利水电工程中具备显著优势，能够很大程度上提高水利水电工程经济效益，电气自动化技术属于先进技术，在发展过程中越来越完善，应用范围有明显增大，能够取得显著效果。水利水电工程关系到我国国计民生，同时对居民生活质量等有重要影响，必须要对电气自动化技术的应用有足够重视，就此展开了研究分析。

一、水利水电工程中电气自动化技术作用

电气自动化技术包含电气控制、自动化等，能够在提高其自动化水平的同时节约人力和物力方面花费，同时电气自动化技术在发展过程中逐渐渗透人们日常生活方方面面，比如地铁、电力、工程建设等各个方面，在水利水电工程中，电气自动化技术因为其便捷性、高效性以及广泛性等特点，可发挥重要价值和作用。电气自动化属于科学技术发展结果，能够很大程度上促进生产力水平的提高，在增强经济实力的同时满足科技发展需要。

在科学技术发展过程中，电子电力技术和微电子技术等迅猛发展，将电气自动化应用在水利水电工程中，能够更好地满足水利水电工程建设和发展需要。水利水电工程中水轮发电机属于重要组成，水利水电工程自动化可发挥水轮发电机枢纽作用，通过模拟计算等方式，实现对水利水电工程的监测控制，评估发电机组与相邻部件运行状态，当出现问题后，可及时发出报警信号，确保各任务的顺利完成。水利水电工程自动化水平很大程度上受到水利水电工程大小以及机组设备好坏等因素影响。

水利水电工程往往需要 24 h 作业，工作人员很难对其工作状态展开持续、密切关注，在这种情况下，电气自动化技术的应用可发挥重要租用，在机组旁无人检测情况下，电气自动化技术的应用能够按照预设的目标展开工作。随着水利水电工程的发展，水利水电工程自动化还关系到整个水利水电工程的安全经济运行。水利水电工程存在有明显优势，不仅可以提高工作安全可靠性，节约成本花费，同时还能够维持电量正常供应，促进单位工作效率的提升，使劳动条件得到改善。

水利水电工程电气自动化系统在实际应用中可保障工程项目运行可靠性和经济性，提高劳动生产率和电能质量。可利用计算机系统监测水库径流长期预报，对运行曲线绘制和科学控制等进行优化，每年能够提高 2% 发电量，利用电脑对电厂参数和经营等情况展开监测，找到存在的事故隐患，在事件出现后，给予及时有效处理，避免事故扩大，促进电力系统恢复，缩短故障处理时间，每年可提高 1% 发电量，创造出巨大经济效益。

二、水利水电工程电气自动化内容

不同水利水电工程规模，受到技术人员主观需求以及习惯等影响，自动化技术在实际应用中还会存在有需求多样化特点，在这种情况下，整个自动化系统不管在研发方面，还是在安装方面，其要求存在明显区别，能够很大程度上提高系统研发设计时间，增大研发成本，影响自动化技术的发展。

水利水电工程电气自动化受到多个方面因素影响，比如水利水电工程大小、水利水电工程电气自动化参与程度、水利水电工程类型等。也就是说，水利水电工程电气自动化主要是用来实现对水利水电工程整体运行情况的监督和管理，同时可监控水轮发电机组以及相关辅助设备等，实现对辅助设备的独立性控制，另外，还需要重视对电气设备的监督和控制，判断水工建筑物是否可正常运行。

对水轮发电机组运行模式自主智能控制。首先，利用电气自动化关停机，在无人情况下独立性完成各项工作；其次，电气自动化在实际应用中还能够保证发电机组的健康、经济运行，能够与实际情况相结合，自动发送指令，控制发电机组的关和开，结合负荷要求更换机组，最大限度提高有用功，控制无用功；最后，当有工作事故，或者在洪涝期机组频率降低等情况下，能够确保设备更加智能的投入工作，在汛期时，可实现对部分机组的智能化断开。

监测水轮发电机组及周围重要设备的运行状态。水利水电工程电气化不仅可检测发电机定子绕组以及铁芯温度是否在额定范围，同时还可监测发电机组定子与电子电路安全，监督发电机组润滑度和制冷系统以及机组变速系统等，当这些系统有故障出现时，及时向检测人员发送急救或者警讯信号，自动启动应急响应程序。

对周围重要设备智能控制。在控制方面，涉及油泵、水泵以及空压机等控制，当有问题出现时，可自动切换辅助设备维持运行。还可对变压器、输电线路等重要电气设备展开控制、检测以及保护。监测水工建筑物运行状态，检测水位高低或者拦污闸是否存在阻塞等，保护饮水压力管。

三、设备选型及自动化设计

当前水利水电工程中水轮发电机组自动化水平有明显提高，运行过程中所使用的元件数量越来越多。但是在主机配套自动化元件方面还存在有性能不稳定、灵敏度差等问题，给水利水电工程自动化控制安全带来较大的影响，因此，水利水电工程设备选型和自动化设计十分关键。

轴流桨式水轮机调速器中 PLC 的运用。轴流桨式水轮机在中低水电站有广泛应用，能够为电厂创造出更多的经济效益。汽轮机发电机组制造单位有着不同导叶开度和相关曲线叶片角度，工厂在实际生产过程中，受到涡轮头以及下游水位变化等，与厂家提供的参数存在较大区别，很难取得理想运行状态。机组调试过程中，PLC 技术的应用，可针对不同头和水位下的导叶和叶片进行调整，获取最佳联动曲线，确保其可以更为稳定安全运行。

水库式电站调速器中 PLC 的应用。水库电站运行过程中，水头范围十分广泛，同时水库电站中有调速机和启动开度装置，在涡轮机水头设计方面按照这一参数设计。如果涡轮发电机水头较低情况下运行时，通过对电液的调整很难增加单位达到额定转速稳压器启动开度，必须要选择更换芯片等方式解决，电阻串联调节产值开放程度受单位差异等因素影响较大，如果电站头比设计水头小，注意避免过快启动，可利用 PLC 编程控制器等交换芯片以及去除串联电阻，对程序进行修改，以此改变启动开度。

水利水电工程电气自动化与水电生产之间存在密切联系，能够很大程度上提高水电联产效率，实现对水利资源的有效开发和利用，符合国家能源结构调整。电气自动化技术具备先进性特点，将其应用在水利水电工程中，能够准确把握电力企业生产经营情况，同时还能够检测发电机组中存在的问题和故障，实现对系统运行情况的有效监督，当发现安全隐患后及时警报，明确故障出现位置。未来水利水电工程电气自动化应用范围将会不断扩大，为我国水利水电行业的持续稳定发展打下良好基础。

第六节　三维 CAD 技术在水利水电工程中的应用

随着我国社会经济的不断发展，我国的科学技术也得到了进步和提升，三维 CAD 技术在航空航天以及机械领域中被广泛使用，也在一定程度上促进了水利水电工程的发展和进步。论文简要介绍了三维 CAD 技术，总结了该技术在水利水电工程设计中的优势，并结合工程实例，分析了其在水利水电工程设计中的应用。

在传统的水利水电工程建设的过程中，工程设计图都由设计者进行手工绘制。在 20 世纪末，计算机技术在国外得到了广泛的应用，我国引进计算机技术之后，水利水电工程设计者已经开始使用计算机进行图纸的设计和规划。当前的三维 CAD 技术可以在设计阶段绘制项目的三维立体结构，可以对空间结构进行真实的反映，并且会对结构之间的空间关系进行展示，在投入施工之前对设计结果进行展示，为当前设计的合理性做出保证。

一、三维 CAD 技术概述

三维 CAD 制图主要是使用计算机辅助设计软件帮助设计人员进行设计工作，该技术是工程设计史上的一个重大转折点。三维设计是当前二维技术的升级，其次，三维技术还有很多二维技术不具备的优势，三维设计可以提高当前结构设计的准确性和可靠性，对提高当前水利工程设计水平中有重要的实际意义。我国三维 CAD 制图大多数是以国外 CAD 制图基础进行开发的，但是近几年来，国内外在进行跨时代的变革，三维 CAD 制图的出现也丰富了传统 CAD 设计的功能。

二、三维 CAD 技术在水利水电工程设计中的优势

使整个水利水电制图更加精准。水利水电工程设计过程中的精准度非常高，并且水利水电行业具有一定的特殊性，增加了设计过程中的制图难度，并且在设计图的绘制过程中，不能直观地展现工程的结构。三维 CAD 技术的出现很好地解决了这一问题，另外，三维 CAD 技术的计算功能非常强大，能够进行水利水电工程中一些相对复杂的计算，还可以提升计算速度和准确性，更好地满足当前水利水电工程对精准度的要求。

使制图过程更加快捷。在水利水电工程的设计过程中，由于工程设计者会根据工程的具体需求对工程数据进行计算，之后根据计算结果进行工程图的绘制。因此，水利水电工程的设计过程需要大量的数据支撑，绘制的设计图纸张较大，不易保存，容易丢失，并且传统的绘图技术在计算过程中极易出现错误和误差，对整个水利水电工程造成不良影响。三维 CAD 技术中有自动求解功能，这种功能能够直接对工程数据进行计算和处理分析，可以大幅度提升水利水电工程设计的效率，提升工程设计的精确度，缩短设计阶段的时间。

便于携带，容易保存。传统的施工图绘制需要设计人员携带大量的器材和设备，不仅会提升图纸设计的难度，还会消耗设计者大量的时间和精力，降低工作效率，并且对仪器设备产生损耗。随着互联网信息技术的发展，信息化技术逐渐趋于成熟，三维 CAD 技术可以将数据和设计图进行储存，降低数据丢失的概率，并且不会出现纸质保存中线条不清晰现象。

提升水利水电工程质量。在水利水电工程的设计过程中，需要不断对设计方案进行修正和改动，操作比较复杂，且关联数据较多，容易导致计算错误，影响工程建设。而三维 CAD 制图具有一定的直观性，可以从三维空间角度检验设计的合理性，及时发现方案中的不合理之处，并进行优化，有效地降低工程建设过程中存在的质量隐患，从根本上提高水利水电工程的质量。

三、工程概况

本节以白鹤滩水电站为例，介绍三维 CAD 制图在水利水电工程中的主要应用。

白鹤滩水电站位于四川省宁南县和云南省巧家县境内，是金沙江下游干流河段梯级开发的第二个梯级电站，以发电为主，兼顾防洪、拦沙、改善下游航运条件和发展库区通航等综合效益。水库正常蓄水位 825m，相应库容 $2.06 \times 10^{10} m^3$，地下厂房装有 16 台机组，初拟装机容量 $1.6 \times 10^7 kW$，多年平均发电量 $6.024 \times 10^{10} kW \cdot h$，电站计划 2020 年首批机组发电，2022 年工程完工。电站建成后，将成为仅次于三峡水电站的中国第二大水电站。拦河坝为混凝土双曲拱坝，高 289m，坝顶高程 834m，顶宽 13m，最大底宽 72m。

白鹤滩水电站是国内首座椭圆形双曲拱坝，体型较为复杂，尤其是导流底孔、深孔等牛腿部位，拱坝的拱圈线是拱坝设计参数结合复化辛普森求积公式、三次 B 样条拟合以及迭代计算求得的空间曲面，坝前贴脚、坝后栈桥及牛腿等部位与大坝上下游面相交的结构线很难通过数学推算求得，应用 CAD 三维制图，对椭圆形双曲拱坝进行三维建模，真实精确地展现了拱圈外部结构与上下游拱圈的交线，并从中提取坐标数据，从而可以对其体型线进行测量放样，确定施工数据。在三维 CAD 制图技术的辅助下，得出的数据结果和使用数学解法得出的结果没有差异，且精准度非常高，也为施工带来了便利。

四、三维 CAD 技术在当前水利水电工程设计方面的应用

在地质地形方面的主要应用可以根据当前的等高数据对相应的地形进行数字化的呈现，还能模拟原始地貌；其次，大坝，引水洞等都可以通过计算机进行设计，并且通过计算机的有效操作可以提升方案的可视化效果，还可以基于当前的实际情况对现阶段的原有图形进行更新和设计，在一定程度上实现图形和实物的可视化。由于当前的三维地形具有一定的仿真功能，因此，也可以对其中的一些复杂部位进行相应的属性计算，还可以根据实际需求对当前的一些挖掘和切割等方面的操作进行优化，使用勘测数据对土石方工程进行准确的计算，还能进一步提升计算效率。当前三维 CAD 技术在水工设计方面的应用主要集中于水利工程的设计过程中，针对当前工程的复杂程度，要对各专业进行协调，同时，在设计过程中，有效避免设计缺陷，更好地实现当前设计的协同性。

我国水利水电工程的设计水平相较于国外一些国家还比较落后，但是近年来，随着我国加大对水利水电工程的重视，相关部门在水利水电工程的建设过程中也产生了观念上的转变。目前，我国三维 CAD 制图技术在很多行业得到了广泛的应用，为水利水电工程的发展打下了坚实的基础，但是在三维 CAD 制图技术的运用过程中，还需要相关人员不断提升自身的技能，更好地投身到水利水电工程建设中。

第七节　水利水电工程喷射混凝土施工材料的应用

本节以具体水利水电工程项目为研究对象，对其施工中的喷射混凝土材料应用方法展开研究。简要介绍喷射混凝土施工方案的同时，在喷射混凝土材料的特殊性上做出说明，并具体就材料成分、配合比控制、材料管理、施工方案这四个方面，论述具体施工材料管理方案，供相关研究参考。

工程建设领域的发展，主要体现在技术手段的升级中。当前技术条件下，喷射混凝土技术已经成为水利水电工程项目中的重要应用手段，在技术方案升级改造的同时，也要对其中的材料应用进行细化研究，并在宏观施工策略的指导下，形成具体的材料选择与使用方法，由此保

证工程建设质量。

一、喷射混凝土施工概述

喷射混凝土施工，是利用压力枪设备，对建筑结构进行喷涂处理的混凝土材料施工技术方案。在应用条件上，不仅在水利水电工程的特殊混凝土结构中发挥作用，在灌注隧道内衬、墙壁、天棚、薄壁结构等建筑空间中，也有较为广泛的应用条件，可以根据实际工程需求情况，对此项技术的应用条件做出适当调整，以此保证技术应用，与整体工程项目的适应性状态。

操作方法上，喷射混凝土施工，需要重点关注其材料准备工作，在对骨料、水、外加剂等材料进行控制与管理的同时，使其以合理的配合比状态，装入到喷射机设备中，并在高压空气的动力作用下与速凝剂混合，喷洒在相应的应用结构中，保证自身施工技术的落实效果。

二、喷射混凝土特殊性分析

喷射混凝土材料具有典型的特殊性，这种特殊性条件，要求对组成混凝土的基础材料进行尽可能细化的管理，并在完成配合、准备施工的过程中，最大化保证技术处理的合理性，而这种特殊性技术处理，需要与实际工程建设条件相结合，在维持整体技术应用合理性的前提下，适应工程项目的建设需要。

本节在论述中，将金沙江白鹤滩水电站的左岸导流隧道工程作为研究对象，在确定使用喷射混凝土施工技术之后，就对整体技术应用的合理性条件与技术执行方案做出了系统性论述。在结合基本《水工混凝土施工规范》（DL/T5144-2015）、《水工混凝土配合比设计规程》（DL/T5330-2015）等技术规范的同时，确定混凝土材料的应用标准，并在适应喷射混凝土快速成型、结构稳定等技术特征条件下，从方案设计中，保证了材料的特殊性结构，也为维护施工质量奠定了基础。

三、工程项目中的喷射混凝土材料应用

主要材料成分。案例工程项目中，对于应用材料有明确的规格标准。①在水泥材料的选择上，应使用新鲜、符合国家标准、不低于32.5级的常规硅酸盐水泥。如果在施工中，对于防腐剂产生特殊要求，需要监理单位工作人员做出相应的批准，才能使用特种水泥材料。②在骨料的选择上，应对不同级别的骨料，进行针对性管理。例如，细骨料需选择坚硬、耐久的粗中砂材料，保证细度模数控制在2.5以上；粗骨料材料，应使用耐久度较高的卵石、碎石，并保证其径粒等级在15mm以内；在喷射混凝土材料中，不得使用带有活性二氧化硅的骨料材料。③在水资源选择与使用的过程中，需要对其质量进行分析，并严格执行《水工混凝土施工规范》（DL/T5144）的管理规定，使喷射混凝土的速凝效果得到释放。④在外加剂材料的选择上，可应用速凝剂、碱水等多种类型的速凝剂材料，确定其质量条件达到国家相关标准，并满足工程施工

设计图纸的规范内容后，才能投入使用，而此次案例工程外加剂的初凝时间，需控制在 5min 以内，并保证终凝时间在 10min 以内，在专人监管的监理条件下，保证其质量条件。⑤钢筋网处理中，需保证屈服强度在 240MPa 以上，并维持光面钢筋网的结构状态。最后，在纤维技术指标的控制中，需要将聚丙烯微纤维，作为基础材料，在纤维抗拉强度的试验中，确定其强度参数在 450MPa 以上，并将纤维杨氏弹性模量控制在 3500MPa 以上，在 14cm 的微纤维长度下，保证纤维断裂伸长率在 25% 以内，完成 0.9kg/m³ 的掺量控制状态。

整体配合比控制。案例工程项目中，喷射混凝土的配合比，应先在室内环境中，执行相应检测实验，确定其设计合理状态后，在施工现场环境中，也要做出相应的试验选定，并在工程施工图纸的要求范围内，保证喷层处理中的性能指标合理化，尽可能地减少水泥与水的消耗总量，保证工程材料配合比的合理化应用状态，而在速凝剂材料的掺和应用中，也要在现场施工环境中，进行必要的验证，在确定喷射混凝土初凝时间与终凝时间的条件下，根据施工环境中的自然状态做出必要性调整，使其时间控制达到最优化水平。而在现场配合比试验结束后，还需将相应的试验结构递交监理部门负责人，以确保工作流程的执行状态，优化并形成系统的管理体系，维护整体的工程管理质量。例如，在案例项目的配合比试验分析中，将三峡试验中心的方案作为参考，在提取 400g 凝胶材料的同时，使水灰比控制在多种处理方案下，并在减水剂 JM-PCA 的 0.7% 掺量条件下，分析各种比例条件下的凝结时间，以此确定最终的应用配合比方案。

材料管理技术。喷射混凝土材料的管理同样重要，需要在拌合与运输的内容上进行控制，保证材料的应用状态。首先，在称重管理上，需按照相关规定，对拌制混合料称重中可能产生的误差条件进行控制。例如，水泥与速凝剂材料的误差条件，需限定在 ±2% 的区间内，而沙、石材料的误差允许范围，则可调整在 ±3% 的范围内。

其次，混合料的搅拌时间上，应遵照以下四点规律：①应用容量状态小于 400L 强制式搅拌机进行拌料处理时，搅拌时间至少要在 1min 以上；②应用自落式搅拌机设备时，搅拌时间需大于 2min；③人工拌料操作中，搅拌次数需大于 3 次，并保证混合料在颜色上的均一状态；④向混合料加入外加剂时，需要适当的延长搅拌时间，以此保证施工质量。

最后，喷射混凝土施工过程中，对于施工混凝土混合料的运输与存放，也需要进行控制，以此保证整体技术管理的合理状态。例如，在案例项目的管理工作中，重点针对可能发生的雨淋、滴水、杂物掺和等问题进行防护，并在喷射机前过筛设备的支撑下，实现材料使用前的存储管理。而在运力条件上，喷射混凝土材料，需使用水平运输设备，在混凝土搅拌运输车的支撑下完成运输。

施工组织方案。喷射混凝土施工技术，应首先进行岩面清理，然后在验收施工质量之后，对混凝土材料进行拌合，并在喷射处理完成之后，对其展开相应的养护管理工作。

第八节 边坡勘查技术在水利水电工程中的应用

以往一段时间当中，我国水利水电工程中应用到的边坡勘察技术逐渐引起了人们的重视，对这个问题进行研究具有一定现实意义。在本节当中首先介绍应用边坡勘察技术的目标，而后详细介绍水利水电工程中应用到的边坡勘察技术，希望可以日后可以在水利水电事业发展过程中，做出一定贡献。

一、水利水电工程中应用边坡勘察技术的意义

水利水电工程项目投入建设之后，边坡勘察技术发挥的作用十分重要。详细分析水利水电工程中边坡勘察技术的应用，能够让水利水电工程行业中的工作人员对边坡勘察技术形成更为深入的认识，并掌握一些科学合理的使用方法，对水利水电工程项目整体性质量做出一定保证，促使我国人民群众生活质量水平得到大幅度提升。

二、水利水电工程中应用边坡勘察技术的目标

在水利水电工程边坡勘察工作进行的过程中，之所以使用边坡勘察技术，就是为了对相关地段的岩石参数及地质条件形成更为深入的认识，才可以对后续边坡稳定性研究工作的顺利开展做出一定保证，并以边坡稳定性分析结果为依据，编制出来科学合理的工程处理办法。边坡稳定性和边坡坡体结构以及外部因素之间的关系十分密切，因为边坡中岩土性质单一性比较强，因此边坡为稳定性直接关系到岩土抗剪程度及临空面的坡度；因为边坡和硬质岩体都呈现出一种结构面发育态势，因此结构面形态和抗剪强度会共同作用在边坡的整体强度上。松软性较强的岩体、风化程度较高的岩体以及破碎的均质岩体群，它们的整体强度和均质松散土体基本上一样。

边坡因岩土体成分的不同会呈现出来各种形态。岩土体结构面强度、形态及其和坡面之间的组合决定了边坡的稳定性。使用边坡勘察技术完成勘察工作，其实就是使用科学合理的勘察方法，对边坡的坡体结构形成更为深入的认识，并分析边坡在外部环境的影响之下会产生怎样的变化，边坡勘察技术实际应用的过程中，需要解决的问题是，探寻最终决定坡体稳定性的软弱层或者优势结构面，详细分析这些因素的作用之下边坡工程中有可能出现的问题，特别是降雨以及地下水渗透等问题对岩土工程造成的负面影响。

针对在山区当中建设的水利水电工程项目，因为会受到当地地质因素及地质环境的影响，因此会在建设工作进行的过程中造成一定负面影响。但是因为边坡在山区地质中占据的地位比较重要，所以边坡地质研究工作应当得到充分地重视，当各种创新型技术及设备在水利水电工程项目建设中得到应用之后，山区地区当中投入建设的大型水利水电工程项目数量逐渐增多。

相关工作人员实际工作的过程中总结一定实际工作经验，并在此基础上得出，水利水电工程项目投入建设之后，涉及的最为严重的问题就是对山体边坡进行地质勘查。

三、水利水电工程边坡勘察技术及方法分析

为了能够对边坡坡体结构的空间形态形成较为深入的认识，当在各种斜坡勘察方案及操作方法进行选择的过程中，为了能够达成边坡勘察目标，一定需要让全方位及空间层面上的立体分析要求得到满足。依据实际工作经验可以得知的是，最为直观地将方位关系反映出来的方案就是地面勘察及测绘。当在地面上开展调查及测绘工作之后，实际勘察的过程当中，应当对地面露头条件做出初步的判断，而后再应用勘察技术进行证明及补充，实现勘察目标。假如在调查的过程中发现地面当中的不利因素，就需要使用槽探和坑探等方法完成深度勘探工作，依据实际工作经验，假如想要在边坡勘察过程中获取岩土体物理力学参数，那么就需要以及实际工作经验开展反复的测算工作，与此同时还需要通过室内实验及现场原位检测，才能够获取精准性比较强的检测结果。

室内实验。依据现阶段我国抗剪强度室内实验实际发展情况，可以将其划分为两种类型，分别是直碱实验和三轴实验，二者各自具备一定优劣势。前者的操作相对来说较为简单，实验环节也比较少，但是实验流程和实际情况之间的差异性比较强，精准性相对来说较为低下。后者可以较为精准的模拟岩土的实际受力情况，但是操作程序相对来说比较复杂。总而言之，上文中所说的两种方法都具备一定局限性，两种方法实际应用的过程中，仅仅可以当成是参考性的实验成果。

现场原位测试。目前我国现场原位测试工作进行的过程中，一般使用到的是原位剪切试验法，选择的试验点应当和坡体的实际受力情况相适应。依据实际工作经验可以得知的是，不管是选择哪一种勘察方法，都需要和坡体的实际情况相互联系起来，详细勘察坡体在不同状态及不同含水量背景下的抗剪强度指标，并依据相关数据指标，有针对性地对水利工程稳定性进行分析。依据以往实际工作中累积下来的经验以及相关数据资料，大型边坡还需要通过岩体应力测试、孔隙水压力测试等一系列的测试，在模型实验流程当中，涉及的最为重要的工作是模拟详细重力条件，只有在模拟好重力条件的基础上，才可以对后续测试工作的顺利开展做出一定保证，最终也就可以在我国社会经济发展进程向前推进的过程中，做出一定贡献。

四、边坡地质灾害治理技术概述

自然坡率技术。在这里提及的自然坡率技术指代的是科学合理的控制边坡坡度及高度的一项技术措施，自然坡率技术在实际应用的过程中，可以不同对边批进行加固，本身就可以提升边坡的稳定性。自然坡率技术实际应用的过程中，逐步展现出来施工简单以及经济合理等特征。与此同时，自然坡率技术实际应用过程中，会妥善将坡率控制在一定范围内，在确定坡率允许数值的过程中，需要将以往实际工作经验及防治方案作为依据，妥善计算边坡的稳定性。比方

说柔软土质边坡及顶部荷载高的边坡中不可以使用坡率法。

抗滑桩加固技术。抗滑桩指代的是一种能够穿梭在滑体并且可以在滑床一定深度上锚固的构筑物，在将边坡岩土上方的滑坡推力传输到滑床当中之后，可以促使滑体的抗滑能力得到大幅度提升，并对滑坡的稳定性做出保证，从而也就可以让边坡地质灾害问题得到有效的控制。抗滑桩的构成材料可以分为木材、钢材以及钢筋混凝土等集中，钢材可以使用侧轨或者钢管，往往都会使用钢筋混凝土抗滑桩完成边坡加固工作，钢筋混凝土加固桩可以划分为大断面混凝土桩和小断面混凝土桩，大断面在破碎性山体结构边坡中展现出来的适应性比较强，小断面则在块状或者层状边坡结构加固中展现出来的适应性比较强。抗滑桩加固技术实际应用的过程中展现出来的优势十分明显，比方说布置比较简单、施工周期短等等，在抗滑桩加固技术实际应用的过程中，一般在滑面单一并且完整性较强的滑体当中应用，不可以在流塑性滑坡结构当中使用。

总而言之，本节当中详细分析水利水电工程中边坡勘察技术的实际应用情况，以便于可以在日后水利水电工程边坡勘察工作进行的过程中，起到一定引导性作用。日后在水利水电工程中应用边坡勘察技术的时候，应当详细针对关键环节及重点因素进行分析，希望可以研究出来较为科学合理的边坡勘察方法，为日后水利水电工程边坡勘察工作进行的过程中，起到一定促进性作用，最终在我国水利水电事业发展进程向前推进的过程中，做出一定贡献。

第九节　水利水电工程中斜井施工技术的应用

对于水利水电工程项目设计而言，现阶段存在着很大的不足，为了改变这一现状，就必须采用斜井施工技术。斜井施工技术的应用不仅使得施工项目体系更为优化，还更加有利于管理工作的进一步创新发展，为此，本节就斜井施工技术在水利水电工程项目中的应用做了简要分析和研究。

在水利水电项目施工的过程中，如果想要提高施工项目的质量，就必须高度重视斜井施工技术的更新。然而，就目前来说，我国对于该项技术的应用还不成熟，还存在着很多漏洞，操作技术的不娴熟以及施工难度系数的加大。为此，对于斜井施工的应用必须要进行更新，详细了解工程项目的具体状况，掌握好水利水电工程的设计方案，进而提高水利水电工程建设的质量以及提高工作的效率。

一、斜井施工工作的具体类型

由于水利水电工程项目的不断更新改造，使得每个项目的设计要求有所不同，斜井施工工艺的种类千变万化。例如说，施工斜井、泄洪类斜井、管道类斜井以及电缆类斜井等等。不同种类的斜井其施工要求有所差异。首先，对于施工斜井来说，在施工挖掘的过程中，一定要保持倾斜角的角度低于25度，还要设计科学的镜面直径，目的就是使得施工放线标准更加符合要求。第二，泄洪类斜井的设计要求与其他种类不同，其斜井角度不得超过30度，它的设计主要是依据当地实际情况来进行调整，要充分考虑运输安全等一系列因素。第三，在进行管道类斜井的设计时，往往是高压管道的设计，其倾斜角要在40-60度这个范围之内，斜井断面的直径也应当不得低于7.5米，只有符合以上两点要求，才能设计出符合实际情况的管道斜井，进而保障运输通道的使用。最后，在进行电缆类斜井的设计过程中，对于断面大小的选择是十分重要的，只有选择了合理的大小才能使得工程项目设计更加符合要求。

二、斜井施工工作中存在的安全隐患

由于水利水电施工工程自身存在着许多问题，不同的工程之间也存在着差异，为此，对于水利水电工程项目的设计过程中，其安全状况也存在着许多不同的问题，为了避免安全隐患的发生，就必须针对安全事故采取相应的应对措施。为此，在实际施工过程中，主要有以下几点问题需要遵守：一是斜井挖掘这项工作具有一定的专业性，为此需要专业的技术人才能完成这类工作，为此对于施工人员的要求比较严格。只有优秀的专业技术人员才能精确的衡量出斜井的准确角度以及设计的精准性，最大限度地减少相关问题的出现，减少材料和能源的浪费，促进施工水平以及施工质量的提高，减少对环境造成的压力等。建筑工程对于技术人员的要求是十分严格的，只有技术娴熟的员工才能使得工程的进度更有效率。二是对于井底的废品要及时地进行清除治理。三是在进行深井作业的过程中，为了保障施工人员的安全，减少出现安全事故的发生，就必须严格要求施工人员在进行作业时佩戴安全带，一旦发生落井现象能够及时地采取措施。四是卷扬机最为施工过程的重要一环，其操作人员发挥着不可估量的作用，为此，必须要提高其技术专业水平，做好岗前培训工作，保证该项工作顺利进行。五是对于挖掘技术人员来说，其工作危险系数极高，为了防患于未然要做好准备工作，进而使得整项工程项目顺利进行。在挖掘工作的过程中，其不确定因素极多，往往会产生很多意想不到的施工现象，这就要求挖掘人员要及时地做好反应，为此，施工单位应当培养其随机应变的能力，避免出现经济情况所带来巨大的损失。

三、水利水电工程中斜井施工技术的具体应用

斜井施工中挖掘以及支护技术。首先，确定施工的方式方法。如果想要使得建筑施工过程顺利进行，就必须把握好斜井的角度。角度把握的好坏直接关系着斜井施工的进程以及质量。如果斜井的倾斜角度较小，就需要大量的挖掘，浪费了大量的人力物力。如果倾斜角度在30-45度之间，那么支护工作的压力就会非常大，不仅需要采用全断面开挖方式来进行挖掘，其方向也必须严格遵守由上及下的挖掘方向。一旦倾斜角度高于45度，那么在施工的过程中，虽然减少了断面的面积，但是增加了挖掘的深度。例如说，在甘肃某地区的斜井施工过程中，就遇到过类似问题，其采用了支护技术以及开挖技术两项技术的综合，才使得项目得以顺利实

施。在此次施工过程中，深度要控制在 400 米以上就需要运用反并的砖机对其进行操作。相反，一旦高度小于或等于 300 米，就需要支护技术的支持才能使得工程运行正常，因此，支护技术的好坏关系着整个工程的运行，而且这两个施工阶段并不是同时完成的，两者在操作的过程中是相互独立的，其施工必须要分开进行，才能使得项目施工顺利进行。

其次，对于施工地点的选择也要充分分析考虑相关因素。一个良好的施工地点的选择往往会减少施工的压力，还能够有效的节约施工的成本，为此，工程施工方案的设计要符合施工地点的环境。只有因地制宜选择合适的施工方案，才能使得施工进程得以加快，资源得到有效配置，减少浪费现象的发生，进而减少不必要的损失。

最后，支护技术是开挖技术的前提也是开挖技术的重要补充，只有建设好支护技术才能进行开挖工程的推进，为此，首先应当制定好对于斜井井壁的支护方案，然后才能进行下一步工作。支护技术对于整个施工而言，其作用不可小觑，要做好对于支护技术安全隐患的排查工作，做好相关工作的记录，根据实际情况对于施工方案进行调整，使得施工工艺达到最优。此外，对于施工人员的要求也要十分严格，才能使得支护技术得以顺利进行。另外，每个水利水电工程的设计有所差异，为此对于支护技术的要求也有所不同，要根据需要及时地采取最为合理的方案。

斜井施工技术应用过程中存在的问题。对于水利水电工程的设计来说，在实际施工的过程中，存在着大量的问题。斜井施工技术的具体应用情况，在设计方面发挥着重要作用，并在实际工作中得到了最为广泛的使用。在施工的过程中，施工的难度极大。由于水里水电工程项目主要在高处作业，采用的工具也主要是脚手架，只有通过分区域搭建脚手架，才能进行下一步的挖掘工作。为此，其作业的难度系数十分高，而且容易发生危险，这就要求施工人员在施工的过程中，一定好佩戴好安全绳。除此之外，对于水利工程项目的建设，其跨度非常广阔，这就需要斜井施工技术发挥作用。由于较长的施工跨度，使得建筑工程在实际施工的过程中要注重对于周边环境的考察。在进行斜井施工技术的过程中，其对于环境的要求十分严格，实际工作的过程中，要根据具体的施工环境以及地形地貌特点，对其加以分析，从而建设最优的工程布局。斜井井身作为斜井交通运输的通道，只有通过绞车才能将废物运往废渣场，才能保证建筑工地安全的同时减少废渣的恶意排放。此外，在挖掘的过程中，一定要确定好挖掘的深度，绝对不能多挖，一旦挖掘的深度越大，那么这将会对地下岩石结构造成巨大的影响。为此，宁可少挖也不能多挖。

在进行实际施工的过程中，往往会遇到环境十分恶劣的情况，一旦施工条件出现问题，那么施工的难度系数也会大幅提升，由于岩石的坚硬程度上升那么其施工的稳定性就会有所下降。此外，倘若施工单位顺利完工，但是对于后续的工作也会产生很大的影响。其施工环境的通风情况就会成为一项重要的制约因素。为此，要做好施工过程中的通风，尽量减少这一问题带来的不便影响。由于施工环节的通风问题存在着很大的缺陷，其通风装置不全面，这将会为施工带来严重的困扰。通风装置设置的好坏，直接关系着施工的状况，只有建设好通风装置，才能使得工程项目顺利进行。

除此之外，在工程施工的过程中，在施工现场，施工人员在保证施工质量的同时也需要注意个人行为对施工造成的影响。相关工作人员对于施工情况要做好详细了解，此外还要严格按照图纸进行设计，对于施工的方案要根据实际情况有所转变，进而保障施工技术的质量。在施工现场，工作人员要做好安全防护工作，在施工中佩戴安全帽，对于外来人员的出入要进行登记并做好安全防护措施。最后，再施工的过程中，要注重对于废弃垃圾的处理。对于那些施工的废水以及废旧材料要交由相关部门统一进行处理，做好废弃物的排放工作，以保护好工程周边的环境卫生，使得工程项目建设更为科学。

综上所述，如果想要使得水利水电工程项目顺利进行，这就要求相关企业工作人员团结合作，只有按照施工的方案进行设计工作，才能更好地实现斜井技术在实际工程项目中的具体应用。此外，在项目进行的过程中，要严格按照相关规则进行，尤其是在钻孔爆破环节，其危险系数极高，在爆破前要对周边环境做好勘察测验工作，确保项目实施的安全性，排除一些必要的安全隐患。其次，在爆破作业完成后，要注意对于现场石渣的清理工作以及检查好爆破工作的完成情况，进而确保施工人员的安全使得水利水电工程项目得以顺利实施。

第十节　BIM 在水利水电工程施工中的应用

分析当前我国施工建设的诸多水利水电工程，可知在施工期间存在着质量、安全、进度、成本等风险，所以需要施工单位对于 BIM 技术多进行学习研究，以此依托该种新型技术进行水利水电工程现代化的建设，确保工程有着良好的作业质量，进度、安全及成本风险可以有效降低，投入应用后工程有着较长的使用寿命。基于此，文章对 BIM 技术的相关内容进行了概述，并对水利水电工程建设中 BIM 技术的具体应用内容进行了详细的分析，使更多承建水利水电工程的施工单位，能够通过高质量、高效率的方式利用 BIM 技术，从而为完成建设工程提供参考经验。

近年来国内外很多国家在进行工程项目建设期间应用了 BIM 技术，开展了工程施工全过程的控制管理，分析技术应用效果可知依托该项技术极大地提升了工程作业效率与质量，施工成本与安全事故率也大大下降，所以在水利水电工程施工中同样需要应用 BIM 技术做好工程多环节的施工管理工作。

一、BIM 技术概述

BIM 技术即建筑信息模型，该模型中包含的学科知识较多，在工程设计、施工及管理工作中被看作一种现代化的工具来应用，具体使用时可以创建一个建筑工程三维模型，之后收集、整理与建筑工程施工建设有关的全部信息，将信息存储于三维模型数据库后，便可通过模型有效处理信息，促使施工单位可在模型指导下对工程进行全过程、多方面的管理。BIM 技术具有可视化、模拟性、协调性及优化性等特点，所以水利水电工程施工单位构建模型后便可清楚直观地对工程建设每一阶段的施工信息进行查看、分析，如果发现存在施工问题，便可在施工期间直接进行变更施工，确保工程可以正常、有序的建设完工，所以该技术在工程建设中的应用价值非常高，需要施工单位多进行技术应用及推广。

二、水利水电工程施工中应用 BIM 技术分析

BIM 技术在水利水电工程建设中的应用思路为：水利水电工程施工单位在建设工程之前，需要对工程特点进行分析与把握，并且施工项目方案设计人员需要深入到工程建设的作业区域，对于当地的地形地貌、水文活动等信息进行综合调查，而后将工程建设的所有信息全部进行整合处理，生成工程建设的三维模型，同时待模型构建完成后，方案设计人员需要对与工程建设有关的混凝土制备系统、作业现场交通规划系统、填料系统等多个系统进行施工规划。还需要对工程建设使用的导流、沿岸岩层爆破、填筑及碾压等多项施工技术进行整理，以此编制工程作业方案，指导施工单位按照方案的要求有条不紊地进行施工建设工作。此外方案形成后，设计人员需要联合构建的模型继续对方案进行深化设计与优化处理，参考模型信息、作业现场基本情况进行方案及图纸内容的分析，若有不完善之处及时进行补充与修正。待编制的方案及绘制的图纸全部通过审核后，利用模型对工程建设过程进行模拟，以便在模拟期间强化水利水电工程施工单位管理人员对于工程建设全程的控制管理能力，确保工程在 BIM 技术管理之下有着良好的作业质量。

项目决策阶段。在该环节进行的 BIM 技术应用工作，首先需要施工单位对水利水电工程项目立项书的内容进行分析，了解该工程的应用价值及资金投入情况，而后借助于 BIM 技术实现相关信息在不同部门的共享，以便各个部门可及时且准确地掌握有关于工程建设的全部信息。其次施工单位需要利用 BIM 技术，整理工程项目施工建设条件、施工使用物料及设备成本、人力资源成本等信息，从而得出工程成本预算，预估工程投入应用后的经济收益。

施工项目设计阶段。项目设计工作属于水利水电工程施工时的重要工作内容，若该工作存在缺陷与问题，会对工程建设期间的进度控制、成本控制、质量控制等工作造成不良影响，所以在目前的水利水电工程建设期间，可利用 BIM 技术进行优化设计。分析以往水利水电工程的施工情况，可知常会使用 CAD 技术进行设计，之后通过绘制 CAD 二维工程图开展工程施工建设工作，由于常规技术应用后容易出现一些人为错误、参数误差等问题，严重影响工程建设工作的顺利进行，所以可以采用 BIM 技术进行项目设计。具体设计期间，施工单位可以创建三维模型，并在其中输入勘察资料，制作反映施工过程的动画，之后可以在动画运行期间研究分析各项参数数据，了解是否存在流程、进度等方面的问题。如果有问题便需要项目设计方案人员对有参数异常的作业图纸进行尽快修改，再次检查后未见任何问题，表示经过三维模型处理后的工程施工方案施工应用可行性高，可以用来指导工程建设工作。同时针对工程施工成本问题，可以在模型的指导下，利用 PKPM 软件来估算成本，从而可以最大化的规避以往由人工

进行成本估算所致的成本风险问题发生，确保后续工程支出的成本总额可以控制在合理的范围内，以免出现成本超出预算的问题。所以总体来看，应用 BIM 技术进行水利水电工程项目设计工作，主要依赖三维模型完成项目设计工作，对于人力的依赖性较小。因此，在三维优势充分发挥之下，计算机模型能够对数量庞大、繁杂的工程建设数据作以有效分析，从而消除项目设计期间出现的种种设计隐患问题，确保工程施工人员可以在合理、科学的工程项目设计之下开展高质量的施工工作。

施工阶段。首先在施工质量方面，施工管理人员可以透过三维模型实时观察作业人员的施工情况，一旦在作业期间出现异常施工情况，管理人员需要立刻和工程相应施工环节的负责人进行联系与沟通，指导施工人员进行施工变更处理，避免施工质量隐患问题继续遗留，保证工程每一个作业环节均有着理想的施工质量。其次在施工安全方面，通过三维模型则可以将工程建设期间容易发生安全事故的区域全部呈现出来，而后管理人员便可以对工程高临边、孔洞等施工作业部位进行重点施工观察，并对施工安全防护措施的应用效果进行追踪。如果在作业期间出现安全作业隐患，需要管理人员连同工程施工单位的技术人员、负责人共同进行作业现场安全防护措施的强化处理，从而为施工人员的工程建设工作构建一个安全的作业环境。再次作业成本方面，施工管理人员需将工程建设时使用的混凝土、压路机、振捣装置等设备的成本与每日施工物料使用名目、成本在模型中进行输入，方便工程项目施工建设的管理层对于项目施工的成本情况进行把握，而且管理人员每天进行材料应用管理时，可以结合以往每天使用的物料数据进行材料发放计划的编制，从而做到材料的按需发放，杜绝材料大肆浪费情况发生。最后在施工进度方面，构建的三维模型中会结合数据库中的信息，呈现工程每天的施工进度，管理人员依据模型数据和制定的施工进度计划，便可以分析得出工程施工是否出现进度延误情况。如果有责令施工项目的各个项目负责人进行施工人员的作业进度控制管理，有效提升施工速度。

水利水电工程施工单位在工程建设期间，需要认识到 BIM 技术的应用价值，从而准确把握技术内涵、特点及应用要点，以此可以在后续的工程建设中有效利用 BIM 技术进行工程施工管理，促使工程可以在既定的工期内保质保量的建设完工，而且施工建设的水利水电工程投入应用后可以为建设所在地的经济发展、人民经济收入的增加提供助益。

第七章　水利水电工程管理理论研究

第一节　水利水电工程管理中存在的问题

水利水电工程的质量不仅关系到我国人民群众的切身利益，也关系到我国水利建筑工程的顺利进行，对经济建设的快速发展起到了良好的促进作用，其质量管理是整个建筑工程的重要组成部分。

一、水利水电建筑工程管理的特征

水利水电工程就是把机械能转换为电能的工作过程，在它的发展过程中，不仅需要资金、设备以及技术支持，也需要一套相对比较完整的管理措施。缺乏完善的管理措施，会对工程产生不利影响，只有对工作中的各个细节进行有效把控，才能让整个水利水电建筑工程的作用有效发挥出来。

二、水利水电建筑工程管理存在的问题

质量问题。相关监管部门对工程的审查范围较小，不能有效保障工程质量的安全性。相关质量管理机构存在职权不明确的现象，没有把监督机构和工程质量管理机构进行分离，在质量检测工作时缺少专业知识，审查整改不到位，导致工程出现质量问题。

资金与验收问题。水利水电工程关系到国家和人民的根本利益，是一项复杂且综合性强的工程，但因工程相关资金很难及时到位，有时不合格的水利水电工程也会被正常验收而且还投入使用，这在很大程度上会影响工程质量。有的企业为了获得更高的利益，在水利水电工程中偷工减料，这直接增加了工程的安全隐患，也会增加维修费用。

操作与责任问题。虽然部分水利水电工程都建立了项目法人，然而其在实际过程中并没有发挥出应有的责任，部分工程招标缺乏规范的制度，让那些不具备相应资质的施工企业参与到了项目施工中。水利水电工程中若涉及过多的单位，一旦出现责权划分不清晰的情况，就会出现工程事故责任各方推诿的情况。通常情况下，出现工程问题时，工程施工方会将责任推给监理方，若优先对监理方追责的行为形成常态，就会导致工程管理的重要性被忽视，出现更多的

工程质量、安全问题。

三、水利水电建筑工程管理问题的对策

健全监管制度。第一，健全奖励和惩罚制度。根据制度对水利水电工程管理人员进行有效评定，奖励优秀的工作人员，惩罚玩忽职守的工作人员，让每个人都能够各尽其职，调动其工作积极性。第二，健全相关监督管理机构的职能。工程监督机构以及水政检查机构一定要管理辖区内的水利工程建设，确保工程质量。第三，健全监督制度。水利工程管理中各个部门之间要有相应的举报制度，这样可以让更多的人参与到工程的管理中来。同时，可以根据不同层次的管理单位和职责去进行分工，不断将应有的义务以及权利去进行明确。

提高人员素质。随着我国科学技术的不断发展，水利工程的管理逐渐实现了现代化。因此，提高水利工程管理人员的素质十分必要，要定期对管理人员进行培训、考试，让其持证上岗，只有管理人员提高其自身专业素质，才能保证工程质量。除了定期培训、考核外，工程施工方、监理方都要重视对优秀人才的引进，招募管理能力强、专业知识丰富、法律意识高的优秀人才，尽量提高管理人才的设计水平，加强设计师与工程管理人员的沟通，提高水利水电工程的施工质量。

重视思想观念。在水利工程建设中，质量管理的关键是领导，只有领导重视管理，转变传统的思想观念，才能让整个水利工程顺利展开。水利水电工程受到政府相关部门重视的程度较普通建筑工程更高，领导层要重点抓工程管理，施工方企业也要重视管理，以国内外水利水电工程事故为鉴，促进水利水电工程施工管理水平的上升，提高水利水电工程的施工质量。在此过程中，受到领导层的影响，部分施工人员也会改变思想，把质量放在第一位，遵守工程的管理制度，遵循工程管理人员的带领作用，做好本职工作，提高水利水电工程质量。

加强技术创新与设备更新。随着社会的快速发展，水利水电工程的施工单位已经懂得了创新的重要性。为了长远发展，增加行业竞争力，施工单位应该不断创新，有自己的技术专利，加大企业技术创新的资金投入。

加强对招标过程、招标合同的管理。业主方应当重视水利水电工程的招标过程和招标合同，提高合理性，为水利水电工程施工质量奠定基础。首先是招标过程，业主方要建立合理的招标秩序、环境，严禁不公平竞争现象的出现，提高招标效果，引进专业资格达标、过往经验过关的优秀施工团队进入工程，不给缺少资格的施工团队进入工程的机会。其次是招标合同，合同是现代社会约束性较强的契约，工程的各项细节都被列入合同，工程问题的解决方式也被列入合同，一旦出现合同中提到的工程问题就可以按照合同来解决，从而有效提高工程施工进度，维护各方利益。

重视对工程成本的管理。工程成本管理是工程管理的重要部分，也是不容易做好的一部分，因为工程成本管理涉及预算管理、质量管理、材料管理、安全管理等多个方面，是各方的组合产物，需要引起水利水电工程管理层的重视。管理人员要与其他各部分工作人员及时沟通配合，

提高工程设计、预算编制等工序的质量，降低工程的不必要支出，提高工程的经济效益。

综上所述，水利水电工程建设一开始就进入了工程管理工作范畴，无论是工程设计、测量，还是工程施工过程，都需要工程管理发挥作用，从方方面面提高工程的质量，降低工程出现安全隐患、质量问题的可能性，为周边及下游人民提供安全保障。针对招标、设计、材料采购、施工等环节经常出现工程管理问题，为了让水利水电建筑工程更好地发展下去，就要不断提高工作人员的专业素质，建立健全工程管理制度，引进先进管理理念和技术，及时发现管理问题，及时提高水利水电工程施工质量。

第二节　科学发展观指导下的水利水电工程管理

水利水电工程作为我国重要的民生项目，在确保我国社会经济的健康运行与人们生活与生产的正常开展中发挥着重要作用，所以要不断提升水利水电工程的质量。科学发展观是综合多种先进观点，先进思想，总结多种经验，符合我国社会主义经济发展的综合观点，能够满足当代水利水电工程的建设，并为实现我国水利水电工程建设的可持续发展做出积极贡献。

科学发展观的提出是在党的十六届三中全会上明确提出的，是符合我国社会发展的理论观点，是实现我国可持续发展，保证人与环境和谐相处，充分发挥"以人为本"理念的重要手段。新时期我国在发展过程中遇到诸多问题，无论是城乡发展的二元化，还是人与自然的不协调发展，这些问题都对社会的发展造成极大影响，但是可续的发展观不但能对这些问题进行合理解决，也能在水利水电工程管理中发挥其中有作用。

一、科学发展观的内涵

以人为本。在社会活动中人是主体，也是社会经济发展的推动者，在科学发展观中将人确立人为主体，并坚持"以人文本"的观念，充分发挥人的自主能动性，实现人在社会经济发展中的重要价值，从而实现人与自然的和谐相处。在水利水电工程建设过程中需要"人本"思想的合理指导，这样才能建设出符合国家与人民需求的工程，也能在日后的发展过程中，充分发挥水利水电工程的实际作用。

深化可持续发展。这些年在我国的快速发展中，也出现很多问题，人与环境之间的矛盾不断加深，能源的消耗也在不断增加，而科学发展观在治理社会与环境中发挥着不可替代的作用。科学发展观就要求我国在发展过程中深化改革，实现人与环境直接的和谐相处，在水利工程建设过程中坚持"绿色发展"的理念，从而实现"绿水青山就是金山银山"的伟大号召。水利工程建设是我国重要的民生项目，在深化可持续发展理念的同时，能不断降低水利工程在建设过程中造成的环境污染，能源消耗。

二、基于科学发展观指导下的水利水电工程管理

完善水利水电工程管理体系。目前我国正处于社会主义事业的初级阶段，管理体系还在摸索完善阶段，在科学发展观指导下，要积极完善水利水电工程的管理体系，确保对工程在建设前、中、后三个阶段的精细化、信息化与现代化的管理，对工程从设计、施工、后期的验收与维护都要通过制度予以确认，确保工作人员能够严格遵守管理制度，保证水利水电工程的有序进行，确保在建成之后满足人们的实际需求。

提升经营管理水平。当完成对水利水电工程的建设之后，就要充分发挥其实际作用，在日常的运行中满足其社会效益与经济效益，所以要不断提升经营管理水平，确保水利水电工程在运行过程中能够减少能耗、为我国的社会经济发展提供更加充实的保障，同时也要制定切实可行的经营管理方案，对工程建设的成本进行合理估算，在保证建设质量的基础上，合理控制成本，从而实现工程项目的经济效益。

加强工程建设部门的协作。在水利水电工程的建设与运行过程中需要不同部门与专业的协调工作，才能保证项目工程的有序进行，并且在建成之后充分发挥其实际作用，所以要不断加强工程建设部门的协作，对不同部门与工作人员的职责进行落实，保证每个部门与工作人员都能发挥自身作用，确保在水利水电工程的设计、施工、管理与后期的运行都能在不同部门的协作下完成工作，从而实现对资源的合理配置，提升管理效率，减少项目工程发生的安全与质量问题。

正确树立"新理念"。在水利水电工程的建设过程中，水资源的分布情况是十分重要的项目，但是由于水资源是不可再生资源，对建设部门有很大的考验，也是考验项目单位智慧的时候。在科学发展观的指导下，就要在良性循环发展机制的完善与执行下，充分坚持"绿色发展"理念，在设计与施工过程中将绿色、低碳与环保进行合理融入，优化对水资源的合理配置，实现水电资源的循环再利用，从而减少对能源的消耗与浪费，实现水利水电工程的可持续发展。

保护水利水电工程的生态安全。在以往的水利水电工程建设过程中，对当地的生态环境造成极大损害，降低水利水电工程的实际价值，也造成不可挽回的经济与环境损失。所以在科学发展观的指导下，就要对以下两个方面的内容进行合理控制：第一，合理设计与控制水利水电工程的建设规模，在建设过程中要减少对环境造成的污染与破坏，保证当地的生态环境与生活多样性的完好；第二，在水利水电工程的建设前一定要做好环境评估工作，对当地的自然环境、生物分布情况等都要进行调查与分析，制定合理的生态安全保护方案，减少对生态环境造成的损害。

规范工程建设的技术和流程。科学发展观在对水利水电工程建设过程进行指导时，一定要对工程建设的技术和流程进行规范，提升建设的质量与效率，减少在建设过程中出现的安全与质量问题。第一，施工单位在建设过程中要合理选择施工技术，确保技术的安全与可靠，保证施工的每一个环节与细节的质量得到有效控制；第二，加强对施工材料的严格控制，要对材料

的采购过程进行样控制，并且要加强对材料的检测力度，确保材料符合相关标准；第三，加强对工程建设的监管力度，保证施工人员对施工工艺及技术进行严格的掌握与应用，减少在施工过程中发生偷工减料的情况，这样才能逐渐提升工程项目的质量。

在水利水电工程的建设过程中，在科学发展观的指导下，能有效提升工程管理质量与效率，减少在工程建设过程中出现的安全与质量问题，实现水利水电工程的经济效益与社会效益。因此在基于科学发展观指导下的水利水电工程管理要充分发挥工作人员的自主能动性，减少对环境的破坏，实现对水利水电工程的现代化、精细化管理，从而实现水利水电事业的可持续发展。

第三节　水利水电工程管理信息系统构建方式

在国家以及社会的发展过程中，水利水电工程的建设贡献了很大的力量，这对国家的发展、人民的安居乐业都有着重要的影响。在工程建设之后，进行科学、合理的管理很重要，现如今传统的水利水电工程的管理方式在逐渐被淘汰，为了适应新的形势，信息系统的构建被引入到工程中，而且在水利水电工程中，这种信息管理系统具有较高的实用性。本节先是阐述了构建水利水电工程管理信息系统的意义，接着对构建水利水电工程管理信息系统的方法进行了具体的分析。

水利水电工程一般具有较长的工期，施工规模比较大，涉及的技术层面比较广泛。因此，水利水电工程施工管理比较复杂，存在一定的难度，需要进行各个方面的调节。现阶段，我国许多水利水电工程依然采用常规人工管理办法，尽管随着科学技术的发展，一些工程采用信息技术，整体而言，信息技术的应用还存在许多问题，应用也不是很全面，一些水利水电工程管理方面不存在对应管理信息系统，导致水利水电工程施工中出现许多问题，因此水利水电工程必须要构建科学合理的管理信息系统，以此适应形势的发展。

一、构建水利水电工程管理信息系统的意义

可达到共享资源的目的。在水利水电工程建设中，各方面的文件比较繁杂，比如设计部门、项目法人、监管部门在工作时会产生各种各样的信息，为了能使这些资源能够共享，并在共享后进行合理的配置与相应的调整以便查找，建立一个有效的工程建设信息管理系统是至关重要的。

提高项目管理的水平。一个合理的管理信息系统可以将现有的各种信息汇聚在一起，经过分析后可自动计算，然后输出正确格式的报表，这样有益于上报统计数据与布置工作。工程管理人员就可以迅速的掌握这些信息并且做出反应，这样才能及时的发现工程状况、质量、资源等方面的问题，以便采取合适的方式进行调节，这对提高工程的质量、工程的进度、工程的安全、工程管理的效率都有着重要的促进作用。

有益于进行科学的决策。要想进行科学的决策，要先掌握工程全方位的信息，并及时发现问题，然后在调整过程中做出科学的决策，实现工程的流程化、科学化的管理。在水电工程建设管理系统的过程中，信息系统是根据工程的流程、企业的信息化要求而建设的，它具有实用性与高效性，是一种有效的管理工具。信息系统可以以工程的目标与计划为依据，对各种资源的整合以及优化进行跟踪，从而能够有效地掌握工程的实际状况，使工程得到有效控制，使水利水电工程的管理能够具有现代化、科学化的特点。

二、水利水电工程的特点

烦琐复杂的工程主体。水利水电工程作为大众工程之一，主要针对的对象是广大的人民群众，为了保障大众的利益，就要保证在规模上要大于其他的基建项目。工程项目的主体区别于一般建筑物的用处，它的工程主体较为复杂，主要是通过引水发电的形式，功能性比较强。

多种因素作用于工程质量。水利工程比较复杂多样，但是每个环节又紧紧地联系在一起，所以在水利工程的每个具体环节，比如说相关的设计方案、水利水电施工选用的材料、施工过程中采用的方法等任何一个环节，如果出现情况的话，后期都会影响到整个工程质量，造成工程无法按照预期的工期进展。

隐蔽性强的工程主体。在水利水电的施工过程中，工序不仅繁多而且相互交杂在一起，中间的产品种类多，所以造成了工程主体存在着较强的隐蔽性。在施工的过程中，如果对工程中出现的问题没有一定的观察力的话，就很难发现工程中存在的问题，工程的整体质量得不到保证，而且从表面来看，大家可能会觉得设计的相当合理规范，设计出来的结果也是和设想的相一致，很容易将有着极大隐患的项目判断成合格的，后期如果出现问题，就很难补救，也会影响到施工单位的口碑。

三、工程管理系统面临的挑战

实现工程三大控制目标。如何能够实现对工程质量、进度和投资进行有效控制？传统的现场管理、检查督促等方式对目前日益复杂的水利工程来说已远远不够，需要有一个系统对有关工程质量、进度和投资的信息进行汇总、分析，对涉及这 3 大控制目标的数据进行有效的融合，发现问题迅速响应，对偏离目标的现象及时做出调整，另外，在三大目标之外，工程安全目标也越来越受到重视，工程安全管理也应当实现信息化。

数据规范和管理规范。成功的信息系统必须能实现数据规范化和管理规范化。良好的信息系统数据流程清晰，身份认证、权限设置既简便又安全，系统数据冗余度小。水利工程项目一般比较复杂，参建单位众多，各自使用的数据（表格、报告、方案、总结等）格式多种多样，数据管理起来复杂。另外，还需对数据接口进行规范，便于数据在上下级之间进行交换，在管理规范上，建设单位内部应实现业务流程化、管理规范化，便于信息系统的构建。

四、水利水电工程管理信息系统的构建方法

坚持自主研发的构建方法。构建一个合理的水利水电工程管理信息系统，对国家、人们的生活都有很大的贡献，但注意要以自主研发为原则，因为在当今社会，竞争越来越激烈，任意一个项目或管理方式都是国际竞争的对象，所以我国必须要自主研发管理模式，这样才能使主动权在我们手里。

从人民的角度出发。要想真正的建立水利水电工程管理信息系统，要以人民为出发点。国家研发的任意一个项目技术或管理方式，其根本目的都是为了使人民的生活水平提高，而不仅仅是为了竞争，所以我们在构建水利水电工程管理的信息系统之前，首先要深入民间，做一些相关的调查，对人民的想法进行了解。这样研发出的管理方式或科学技术才能尽量使大家满意，从而促进国家与社会的和谐发展，同时对国家综合能力的增强、人民生活水平的提高都有着重要的作用。

以模块的形式构建信息系统。工程自行的管理制度与其管理系统是紧密联系的，二者不能分开来构建。业务的需求要根据管理制度来确定，信息化建设的具体措施要由业务需求来确定。水利水电工程信息化的建设需要从各个方面进行，而其中最重要的就是用户的需求。在建立信息系统时一定要考虑当前的情况，使用管理系统的时候也要采用与当今纸面工作相适应的方式，同时要以相关的工作流程与管理制度对报告进行分析，在选用平台时要注意其拓展性与开放性，一定要选择具有较高拓展性与开放性的平台，例如梦龙 Link Works 协同工作平台。要对平台的基本模块进行科学的管理，在此基础上，可以请一些专业的工程技术人员结合实际情况增加新的功能模块，这样会对信息系统的可操作性与实用性起到一定的保障作用。在构建信息系统的过程中，也可以与一些专业的工程咨询公司合作，因为工程咨询公司都具有一定的管理方面的经验，有了这些经验，就增加了信息系统的实用性与可靠性，同时也可以在一定程度上加快软件的开发速度。

提升数据的融合度。将所使用的平台进行统一，这样可将工程的进度、质量等方面的数据融合在一起，实行界面的统一化。为了将"三大控制"的数据联系起来，系统应该采取合理的方式不断提升各项数据的融合度，而且从界面统一与功能协调的角度来看，可由同一家公司来开发办公自动化系统与管理信息系统，在系统运行的过程中会产生相关的信息以及公文等，它们在接受处理后可以自动归档，必要时可以将它们导出在自己建立的或者第三方的管理系统里面。

总而言之，水利水电工程是社会基础建设的重要组成部分，为我国经济发展做出重要贡献。水利水电工程建设中，有效的管理是最为重要的，水利水电工程管理中常规人工管理方式已经退出舞台，构建管理信息系统是未来发展的重要趋势。目前来看，构建管理信息系统对于水利水电工程来说具有重要意义，本节对有关水利水电工程管理信息系统的构建方式进行研究和探讨，以期对于水利水电工程管理水平的提高，起到一定的促进作用。

第四节　水利水电工程管理中的质量管理

　　本节对水利水电工程的资产划分提出了可操作性的方法，并将长江流域水利水电工程分为纯公益性和准公益性两类，纯公益性水利工程的管理体制主要采取管养分离的方法，准公益性水利工程管理体制是本节重点研究对象，从建立市场化的现代企业的管理体制方面研究。水是基础性的自然资源和战略性的经济资源，水利是国民经济的重要基础设施，是实现可持续发展的重要物质基础。对水利工程的资产进行科学合理的界定和划分，是推进水利工程改革、理顺管理体制、建立良性运行机制的基础工作之一。

　　水利工程管理体制的改革目标是：通过法律、行政、经济等引导手段规范水利建设市场，形成有序的管理过程。方向是以政府投资为主、以指令性计划为基础的直接管理型模式，转变为以多种投资方式、以市场调节投资行为为主和以投资主体决策自主、风险自负为基础的政府间接控制引导的模式，但在实际过程中投资出资、出资人代表及及其职权利问题成为制约水利工程管理的最重要原因。每一个准公益性水利工程从勘测设计、建设到经营管理各方面，各级政府、投资出资人和企业（主要指业主）的责权利划分都因项目而异，缺乏统一有效的分权原则和办法，尤其是都未涉及水利部统一的国家投资或补贴的管理机构，代表水利部的出资方因项目而异，不足以体现准公益性水利工程的巨大影响。因此必须进一步转变政府管理项目的职能，明确政府与市场在水利工程中的职能分工，明确投资与补贴，实行建设项目管理的政企、政事分开。

一、准公益性水利资产的特征分析

　　水利资产是指采取多种人工措施对水资源的控制、调节、治理、开发、管理和保护过程中建成的能满足人类生产生活需要的水利设施所形成的资产。水利资产由于投资规模、建设周期、受益面的不同，表现出层次性和多样化。根据受益特性不同把水利资产分为公益性水利资产、经营性水利资产、准公益性水利资产三大类别。准公益性水利资产是指介于经营性与公益性之间的水利资产，即具有公益性水利资产的某些属性，又具有经营性水利资产的属性。现实中，常常是指那些能为其产权所有者带来直接经济效益又能同时为众多人提供无偿服务的水利资产。这类水利资产也是本论文所涉及研究的主题，将在下文中给予详细的介绍。

　　产权的可分性和竞争性。准公益性水利资产的产权可以在投资者间分散享有或由投资集团、组织独立享有，具有排他性。尽管产权具有排他性，但由于这种资产具有明显而直接的经济效益，能为产权拥有者带来经济利益，社会资金也会有一部分自主参与利益及产权的竞争，从而使得准公益性水利资产的产权具有可变性、分享性和竞争性。

　　效益享受的排他性。准公益性水利资产的效益可以通过产权成本对他人收费或者产权所有的形式把某些不付款者排除在外。与公益性水利资产不同的是，准公益性水利资产还具有广泛的外在效益和利益，而这种效益一般是指社会效益和生态效益。

消费的公共性或准公共性与效益的间接性。准公益性水利工程作为水利资产，所创造的产品或服务是整个国民经济各部门经济活动的共同需要，具有联合消费、共同受益的特征，水利资产消费或服务的公共性或准公共性，带来了经济效益的间接性。

准公益性水利工程建设投资特性。准公益性水利工程投资规模大，投资和建设周期长，准公益性水利工程多提供的使用价值有利于直接生产活动的进行，并且是其得以进行的基础。在整个国民经济体系中，准公益性水利工程所提供的产品或服务，是其他生产部门赖以进行的基础性条件；准公益性水利工程所提供的产品或服务是其他生产部门生产和再生产时所必需的基本辅助投入品；准公益性水利工程所提供的产品或服务的价格，构成了其他部门产品或服务成本的组成部分。

二、管理体制目标与原则

根据准公益性水利工程的特征及投资特性，对其制定管理体制目标与原则，实现更完善的水利管理制度。

管理体制设计目标长江流域水利水电工程可分为建设和运行两个阶段，两个阶段的目标和任务不同，因而管理目标也有明显不同。

建设期管理体制目标。工程质量是水利工程的生命，高于任何其它目标，工程质量主要取决于工程建设期。所以，建设期的任务着重于保证工程质量，同时也要考虑为今后的运行管理提供良好的经济基础。其管理体制设计目标主要表现为：a.强化质量监督，规范招标投标管理，实行重点工程责任制、责任追究制，加大安全管理、加强水利建设市场监管和市场准入。b.加强资金管理，严禁截留挪用，保证配套资金到位。c.推进在建设期广泛应用先进科学技术，全面提高水利工作的科技含量，实现水利现代化。

运行期管理体制设计目标。运行期的任务着重于工程实现其社会和经济目标。其管理体制设计目标主要表现为：

a.产权明晰，树立产权观念和经营意识，明确国家对水资源的所有权、水利行政主管部门对其代表国家投资的公益性水利资产的权益、经营性出资人对经营性水利资产的权益、经营单位对水利资产的法人财产权。

b.创造有限竞争的外部环境，促使长江电力加强科学管理、不断提高运转效率、降低成本、提高效益。

c.创造自主经营外部环境，允许中国三峡总公司联合、兼并和培育新业务，促使中国三峡总公司在兼顾社会效益的同时，实现水利资产的保值、增值，保证中国三峡总公司可持续的发展壮大。

管理体制设计原则：

建设期管理体制设计原则：

a. 科学规划原则。规划是指对长江流域水利工程有关方案布局、工程措施以及技术指标等进行分析研究。科学的规划有利于认真贯彻国家的有关方针、政策，适应国民经济和社会发展的总体要求，管理体制要保证科学规划，可以统筹兼顾各个方面的利害关系，用最少的投入去获取最大的综合效益，实现多目标开发和水资源的优化配置。

b. 深化质量管理原则。准公益性水利工程建设程序一般分为：项目建议书、可行性研究报告、初步设计、施工准备（包括投标设计）、建设实施、生产准备、竣工验收、后评价等阶段，各建设环节应深化质量管理，各级主管部门应做好监督管理工作，确保工程顺利竣工。

c. 资金管理原则。长江流域水利工程项目投资建设，必须厉行节约，降低工程成本，防止损失浪费，提高投资使用效果。

运行期管理原则：

a. 保证水资源的有效配置和可持续利用原则。长江是我国第一大河流，实现长江水资源的最优配置以提高其利用效率，是长江流域社会经济长期稳定发展的基础，所以，长江流域水利工程管理体制必须保证水资源的有效配置和可持续利用。

b. 社会效益与经济效益兼顾原则。长江流域水利工程具有综合效益，是国民经济和社会发展的基础 . 因此，其管理体制必须保证准公益性水利工程兼顾社会效益与经济效益。具体说来，长江流域水利工程管理体制的构建一方面要追求工程社会效益的实现，保障社会、国民经济发展对水资源的需求，另一方面，又必须着眼于中国三峡总公司本身的良性运行和可持续发展，在营利性与公益性之间寻求平衡点。

c. 分工协作原则。长江流域水利工程的参与者应承担各自的责任与义务，但也要相互协作，保证长江流域水利工程的良性运行。

d. 规模管理原则。长江流域水利工程管理体制框架设计应彻底摒弃"建一个水利工程，就建一个庞大的工程管理单位"的模式，在充分利用现有资源的基础上，破除水利工程管理上的人为地域界限。这不仅可以避免重复建设，减少人力与物力资源的浪费，还可使中国三峡总公司核心业务的拓展成为可能，从而壮大中国三峡总公司的规模和实力，提高中国三峡总公司水利水电工程管理的整体水平。

本节按照长江流域水利水电工程的资产界定，从目标与原则、工程建设期及运行期这几个方面，进行长江流域水利工程管理体制的框架设计。

第八章　水利水电工程合同管理

第一节　水利水电工程合同管理中的缺陷

随着社会的不断地发展，推动了市场经济的快速前进，尤其是在项目管理中的合同管理越来越受到人们的重视，水利水电工程是人们生产生活中最基础的项目。在水利水电实施的过程中，必须根据合同的相关内容及要求，严格把控工程质量。合同作为依据可以保护双方应有的权利，要在规定的时间内行使各自权利，确保顺利完成合同内约定的义务，只有设定合同，才能加强水利水电的未来发展。因此，水利水电合同在整个工程中具有重要的影响，不仅保证了工程的完整性，而且还提高了企业的经济效益。

一、水利水电工程建设施工合同管理的重要性

有利于提高水利水电工程施工的规范性，水利水电工程关系到了人们的生产生活，使得社会经济效益得到了明显的提高。在工程施工的过程中，只有和工程相关的合同方签订合同，才能有效地相互约束，不仅起到了很好的监督管理效果，而且还能够保证施工的正常进行。比如说在施工的过程中水利水电的工程施工合同会明确各方的权利和义务，包括施工方、业主方和监理方，如果三方中的其中一方没有按照合同要求及规范进行的时候，并且在某种程度上其他方受到了损害，那么，其他方就会拿起法律的武器保护自身利益。因此，为了水利水电工程项目能够有序地进行，合同的管理工作就要不断地加强，从而提高了水利水电工程的规范性，

有利于确保水利水电工程履约。影响水利水电工程建设施工的因素比较多，例如区域、气候和环境等一些自然因素，由于这些影响因素没有预见性，使得正常履行合同内容受到了阻碍，不仅增加了施工难度，而且还会出现一系列纠纷，造成不必要的矛盾。因此，水利水电建设工程施工中要加强合同管理工作，确保合同的规范性、合理性，严格审核合同相关内容，不可出现任何的纰漏。在合同有效期内，如果有合同方违背了合同规范，就可以根据合同管理内容对其约束，情节严重的就可以通过法律途径来维护自身权益。

二、水利水电工程合同管理存在的缺陷问题

各部门之间的合作意识淡薄。一般情况下，工程量大和周期长是水利水电工程建设项目的特点，在建设工作上会涉及各个部门。目前，各个企业在合同管理上都存在着一定的弊端，尤其是各个部门之间的合作意识相当淡薄，所以要根据工程项目的实际情况对企业员工进项培训和指导，提高合同意识和协作意识，使得各个部门之间保持良好的合作关系。当然，合同也是整个工程项目建设的主要目标，包含着各种信息资料，只要各方对合同管理具有一定的认识，及时做好反馈工作，就能避免出现一些对工程不利的事件。

信用制度不健全。从整体上来看，在建设水利水电工程项目的过程中，必须要保证招标流程的规范性，如果其中一方所提供的信息和资料不够完整，不仅会耽误整个项目的进度，而且还会使合同管理的质量遭到质疑。就传统的工程项目来讲，在水利水电工程的信月制度方面还不够完善，存在的问题比较多，使工程前期没有规范的法律依据，不管是工程的质量还是施工进度上都造成了严重的影响。如果在紧急的建设工程项目中，完全没有按照合同规定进行，一定会存在延误工期的现象，严重威胁了水利水电的建设发展，甚至会对生命和财产造成损失。

合同签订不规范。投资水利水电工程建设需要大量的资金，和个体存在着很大的差异性，受不同的地区和环境的影响使得水利水电工程的特征也不相同。为了使工程项目能够顺利开展，就要严格要求合同内容，满足各个条款规范，保持严谨的工作态度。在招投标和签订合同的过程中，双方要对存在的问题进行详细的了解，必须具备一定的相关的专业知识和经验，避免合同条款出现一些内容不全面、条例不明确、职责划分不清楚等等一些现象，合同签订的是否规范对水利水电工程项目的顺利开展产生了直接影响。

三、水利水电工程合同管理改进对策

合理选择合同类型。在建设施工的过程中，水利水电工程占有重要地位，不同的地区有着不同的合同类型，比如总价合同和单价合同都是按照不同的计价方式来实现的。总价合同就是按照工程项目的招标要求，把施工工程中的工程量和图纸进行计算施工总价，全面分析了承包方的要求和各种不可抗力的因素，从而得到了施工总价；而单价合同是在招标的过程中不确定工程量和图纸，不能使用总价合同的，那么，在签订的过程中必须依照工程单价和设计图纸计算进行报价，投标方要根据招标方给出的工程量与设计图，运用科学合理的技术方案和要求对工程量清单进行编制。

完善合同法律法规及合同审查机制。所有的合同都是具有一定的法律效力，只有满足了工程的各项内容在法律上的规范要求，才能保证水利水电工程合同管理的有效性。由此可见，要根据实际工程施工的综合情况，制定一套完善的管理体系，规范各项制度，按照法律程序和文本签订施工合同，保证合同条款的严谨性。

变更索赔。有很多的不可控因素随时存在水利水电工程建设中，包括自然灾害和设计变动

等等因素。虽然合同中有明确规定，但是遇到不可控因素时仍然会发生变更索赔，这种情况的发生，对合同双方都造成了一定的影响，那么，就要进行协商赔偿，确保建设的过程项目能够按照合同所约定的时间顺利完成，如果合同发生变更了，就要做好现场签证工作，及时调整方案。

合同信息管理。现代社会正处于信息化时代，在合同管理方面也要顺应时代的发展潮流，确保合同进行信息化和自动化管理。虽然合同管理是水利水电工程建设的重要依据，但是工程建设中还要对合同文件管理加大力度，运用信息共享和传输的方法，将会大大地提高施工方、建设方和监理方信息的传达，把相关的文件资料制定的更加详细具体，在资料分类的过程中，要根据不同的信息类型和特点选择不同的栏目，同时提高了合同的有效性。

如今，社会趋于信息化，社会经济得到了迅速的发展，水利水电工程建设项目也越来越多，为人们的生产生活带来了方便。合同在水利工程建设的过程中提供了重要的依据，有效的约束各方履行自身义务，防止工程质量问题的出现。因此，在保证工程整体质量的同时还要不断地完善合同管理制度，提高技术人员的专业技能，合理分析存在的问题并及时解决。

第二节　水利水电工程施工的合同管理

在水利水电工程施工过程中，合同管理是工程项目建设管理的重要组成部分。随着我国市场经济的高速发展，在水利工程建设施工合同管理方面也存在着许多问题，从水利施工合同管理的概念及作用出发，提出相关的建议。

一、水利施工合同管理的概念

合同管理是建设工程项目的重要内容之一。水利施工合同管理是指各级工商行政管理机关、水行政主管部门以及工程各参与方，包括发包人（建设单位）、监理单位、勘察设计单位、施工单位、材料设备供应单位等，依据合同、法律法规、规章制度、技术标准等，对合同关系进行组织、指导、协调及监督，保护合同当事人的合法权益，处理施工合同纠纷。防止违约行为，保障合同按约定履行实现合同目标的一系列活动。既包括各级工商行政管理机关、水行政主管部门对水利工程合同进行宏观管理，也包括合同当事人对合同进行微观管理。

二、合同管理的作用

施工合同作为约束发包方和承包方权利和义务的依据，合同管理的作用主要体现在以下几个方面：一是促使施工合同的双方在相互平等、诚信的基础上依法签订切实可行的合同；二是有利于合同双方在合同执行过程中进行相互监督，以确保合同顺利实施；三是合同中明确地规定了双方具体的权利与义务，通过合同管理确保合同双方严格执行；四是通过合同管理，增强合同双方履行合同的自觉性，调动建设各方的积极性，使合同双方自觉遵守法律规定，共同维护当事人双方的合法权益。

在水利工程项目建设过程中，在整个建设过程中的每一个阶段都融合了合同管理工作，合同管理是项目管理的核心，作为其他管理工作的指南，对整个工程建设的实施起总控与总保证的作用。

三、合同管理的特点

工程建设合同管理持续时间长。合同的形成是一个渐进的过程，合同的履行是一个持续的过程，因此，合同管理必然在项目生命周期内长时间连续地、不间断地进行，它不仅包括施工期，而且包括招标投标和合同谈判以及保修期，所以一般至少1～2年，长的可达5年或更长的时间。

合同管理对工程经济效益影响很大。由于工程项目规模大，合同价格高，合同管理对经济效益影响很大。据统计，对于正常的工程，合同管理成功和失误对经济效益产生的影响之差能达工程造价的20%。

合同管理必须实行动态管理。由于合同的形成和履行是一个逐步磨合的过程，特别是在合同履行过程中内外的干扰事件多，合同变更也较多，合同实施必须按变化了的情况不断地调整，这要求合同管理必须是动态的，在合同实施过程中，合同控制和合同变更管理显得极为重要。

合同管理影响因素多，风险大。由于现代工程项目的复杂性，使合同关系越来越复杂、合同条件越来越复杂、合同的权利和义务的定义异常复杂、合同实施过程愈加复杂，要完整地履行一个合同，必须完成几百个甚至几千个相关的合同事件。另外，工程实施时间长、涉及面广，合同管理受外界环境的影响大，并且许多因素难以预测，不能控制，都会妨碍合同的正常实施，造成经济损失。因此，影响合同管理的因素既存在于项目本身的微观环境，也存在于项目的外部宏观环境；既涉及合同的当事人双方，往往也牵扯到第三方。这样大量、复杂的因素的存在，使合同管理极为复杂、烦琐，也充满风险。在合同形成和执行过程中，合同风险管理至为重要。

四、合同管理存在的问题

近年来，我国加大对水利基础建设的投入，水利工程建设进入前所未有的发展阶段。水利工程建设施工合同管理方面呈现出了不少的问题及原因，主要表现在以下几个方面。

招投标管理不够规范，为合同管理埋下了隐患。随着"三制"改革的深入开展，水利工程建设市场已逐步规范，但由于施工合同的双方在利益上存在矛盾，表现在合同上，如某些工程在招标过程中，利用僧多粥少的心理对承包人提出一些苛刻条件，迫使承包人压级压价，给承包人增加额外负担，甚至直接压低中标价格，使承包人受到一定的经济损失。为顺利承包到工程，且迫于自身生存和发展的压力，大多数承包人面对不够公正的合同条款也只能委曲求全。同时，有的承包人为提高中标率，搞联合投标，甚至恶意串通，抬高中标价，造成不正当竞争，扰乱建设市场，造成施工力量强、管理水平高的承包人不能中标，项目不能顺利实施，工程建设质量得不到保证，给施工合同管理带来被动。

许多工程在招投标中，委托没有资质或低资质的单位代理招投标，从而使低资质或无资质设计、施工、监理队伍参与工程建设。招投标工作不够规范，违规操作，虚假招标或直接发包工程导致部分工程存在转包和违法分包。水利工程建设中的"同体"问题严重，主要表现在质量监督机构、项目法人、施工单位、监理单位相互隶属同一行政主管部门管理，其中监理单位归属项目法人、设计单位或施工单位管理。

监理队伍不足，素质较低，部分人员无证上岗；监理工作不到位，比较突出的是做假账，不该签单的签单，应该核实的不去核实。部分工程项目设计前期工作不充分，设计人员设计水平低，不能严格执行强制性标准，设计因素考虑不到位，设计质量不高，设计质量缺乏有效监督。

合同一方的承诺不能兑现，造成工程无法顺利实施。在工程建设过程中，某一方应提供的资源没有及时提供，或者根本无法提供，造成工程项目无法开工或实施被动，特别是一些中小型项目，由于前期工作缺乏必要的法律依据，工作开展比较困难，进展缓慢，造成工程项目被动拖期。有的承包方在施工过程中人员资格和数量，设备的数量及型号，工程工期等与合同内容不相符，甚差异很大。特别是投标项目，实际施工过程中与标书内容不一致，标书中的承诺不能完全兑现，对工程项目的顺利实施造成负面影响，另外一些应急度汛的水利工程，工期短，时效性强，如工程不能按期竣工，可能造成防汛抢险的被动，并造成不必要的经济损失。

合同条文不够完善，对合同双方不能很好地进行约束。主要表现在工程招投标不规范，有的招投标过于简单，邀约及承诺不能构成合同签订的依据。建设双方有的不使用合同范本，而是由双方商定形成一个合同，有时由于经验不足或缺乏对工程的细致分析，造成合同履行过程中出现一些合同涉及不到的问题，合同的预见性较差，双方需要重新进行协商，给工程建设带来不必要的麻烦。有的合同条款不够严密，有歧义，在合同执行过程中容易产生不必要的争执。

有的工程项目在实施过程中存在违法转包或分包现象，给合同管理带来麻烦。根据合同法规定，承包人不得将其承包的全部建设工程转包给第三人或者将其承包的建设工程肢解后以分包的名义分别转包给第三人。禁止承包人将工程分包给不具备相应资质条件的单位，禁止分包单位将其承包的工程再分包。建设工程主体结构的施工必须由承包人自行完成。但在工程实际建设过程中，非法转包或分包的行为仍然存在，造成合同履行起来困难重重，工程质量很难保证，出现一些债务纠纷，造成工期拖延，给合同管理工作带来不必要的麻烦。

五、加强合同管理的建议

增强合同风险防范意识，依法进行合同管理。在工程承包施工中，没有风险的合同是绝对没有的，水利水电施工工程更为甚之。过去，水利水电施工企业在合同谈判和签订中，由于合同风险防范意识不强，而对合同条款分析、审核不严，掉入一些合同陷阱，给企业造成了难以挽回的损失。为此，必须增强合同风险防范意识。

目前，我国建设行业法律法规越来越完备，尤其是《招标投标法》《合同法》的颁布实施，对工程招标及合同管理提出了具体要求，各行各业也根据国家法律制定了有关条例。因此，合同当事人在签订合同时应当认真阅读有关法律法规，并对所签合同的标的、计量标准、质量要求、价款支付方式、合同履行期限、地点、违约责任以及合同条文的释疑等内容，应做出明确具体的解释，防止出现歧义，提高合同的严密性和可操作性。

增强合同履约过程控制意识，督促合同双方自觉履行合同。合同一旦正式签订，双方就要全面地、实际地履行合同规定的条款，这不仅是合同履行的基本原则，也是当事人双方全面地、实际履行合同中的约定的义务。在合同执行过程中，承包商应正确地全面履行义务，关键是要认真组织实施。

水利工程涉及勘测设计、工程建设、咨询等方方面面，合同种类繁多数量较大，建立合理清晰的合同管理台账尤为重要。由计划合同处建立以合同编号为核心的管理台账，通过台账可以随时掌握某工程合同的执行情况，还可以时时掌握整个工程概算执行情况，为工程控制提供实时资料。

在合同执行过程中，主管部门及建设单位应定期检查合同执行情况，并建立完善的合同检查考核制度。对合同执行过程中出现的偏差问题，认真进行分析、纠正，对随意违反合同条款的行为要认真查处，使合同管理步入正规化、规范化管理渠道，防止因合同违规而造成不良后果。

提高合同管理人员的素质。一切管理工作的实施是以人为本的，施工合同管理没有合同管理人员和全员的参与、主动配合就无从谈起，合同管理人员能动性的发挥和素质的高低极大地制约着合同管理的绩效。如何将两者有效地结合起来，最大限度地发挥人的主观能动性，降低企业成本，使企业利益最大化，是施工项目合同管理中的重要课题。过去一部分合同管理人员综合素质低，缺乏必要的理论知识、实践经验和管理能力，管理知识、技术水平未达到应有的要求，是制约合同管理水平提高的重要因素，加之企业对项目合同管理重视不够，致使项目合同管理处于低水平状态。为此，首先要求项目经理要有较高的综合素质，他不但应有较高的政治素质、领导素质、身体素质，还应具备一定的专业素质和实践经验，要高度重视、熟悉、了解合同条款和执行情况，要能够把握索赔时机。其次，合同管理人员应积极参与合同管理体系，从投标报价开始、直到合同终止的全过程对项目进行预测、计划、分析、核算和控制，建成施工项目合同管理的一整套网络体系，进行全过程管理。

选择好的监理队伍是做好合同管理的重要保证。监理工程师是联系建设方和承包方的重要纽带，在合同管理中起着举足轻重的作用，高素质的监理工程师能够公平、诚信地处理合同执行过程中遇到的实际问题，对工程项目实施有较好的预见性，给工程建设创造一个宽松良好的环境，可以确保工程建设顺利实施。

第三节　水利水电工程项目监理中的合同管理

在水利水电工程施工监理过程中，监理单位通常以质量、进度、投资 3 条控制主线开展监理工作，往往忽视作为管理基础和核心的合同管理工作，因而容易出现管理疏漏、失误，给合同各方造成不必要的损失。文章就监理过程中如何做好合同管理进行了探讨。

水利水电工程通常具有投资大、工期长、施工复杂等特点，施工监理单位作为受托对项目进行管理的机构，主要依据发、承包双方签订的施工合同对工程项目进行质量、进度、投资等控制，整个监理过程均应围绕合同管理为核心进行，然而，在实践中，监理机构通常以质量控制、进度控制和投资控制3条主线为核心目标开展现场监理工作，往往忽视最基本、最核心的合同管理工作。

监理过程中的施工合同管理是指监理单位作为独立的第三方，依照法律、法规及规章，以发、承包双方签订的施工合同为依据，对施工合同关系进行组织、指导、协调及监督，保护施工合同双方当事人的合法权益，处理施工合同的纠纷，防止和减少违约行为，保证工程项目按照合同约定贯彻实施的一系列活动。

合同管理贯穿工程建设的全过程，是指导工程参建各方开展工程建设活动的基础和指南。广义而言，工程项目的全部实施和管理工作都可以纳入合同管理的范畴，其中，质量、进度、投资"三控制"是合同管理的主要内容，但不是全部。形象地说，质量、进度、投资"三控制"为"线"，而合同管理为"面"，是工程项目监理工作的基础和核心。在工程施工监理过程中，重"线"而轻"面"，极易出现管理疏漏、失误，甚至损害合同当事人的合法权益，给合同当事人造成不必要的损失。

一、监理合同管理的重要性

施工合同是建设单位和施工单位签订的具有法律效力的重要文件，是建设工程的主要合同，是工程建设质量控制、进度控制、投资控制的主要依据，是明确发、承包双方在工程实施中的权利和义务，确定工期、质量目标及承包价格等的书面文件，在合同履行过程中对整个项目的实施起着总控制和总保证作用。因此，合同管理必然是工程监理工作的核心，可以说，离开合同就没有工程质量，也没有对进度与投资的管理。因此，建立以合同管理为核心的工程监理体系，是提高项目管理水平的重要途径。

二、监理合同管理的主要内容

按照时间顺序，监理过程中合同管理工作主要分为施工准备和施工实施两个阶段。

在施工准备阶段，监理单位应参与施工合同制订和谈判，并依据合同约定对开工前承包人的施工准备情况、质量保证体系、进场施工设备、试验室条件进行检查，审批施工组织设计等技术方案和施工图纸的核查与签发等。同时，还应熟悉监理合同和施工合同等工程建设有关文件，充分了解自身的权利和义务，严格按照合同文件处理和解决问题。

在施工实施阶段，监理单位的主要工作为质量、进度、投资控制，工程计量、计价、工程款支付审核，以及对工程施工过程中发生的各类违约、变更、索赔等进行审核处理，并组织工程验收、结算等工作。

三、对如何做好合同管理工作的几点看法

合同管理工作的好坏直接影响着投资、进度、质量控制，是建设工程监理方法体系中不可分割的组成部分，监理单位要做好合同管理，应当注意以下几个方面的问题。

建立健全现场监理机构，配备相应合同管理人员。要做好现场监理工作，首要条件是建立和健全现场监理机构，除了根据工程实际情况足额配备相应的专业监理工程师外，还应配备具有相应法律知识、高素质的合同管理人员，同时建立和健全相关的规章制度。合同管理人员应当对建设工程合同实施登记、审查等监督管理，特别针对实施过程中出现的合同无台账的普遍问题，应加强改进，建立合同台账，并对台账进行定期的统计和检查。

积极参与施工招标文件编制和施工合同谈判。监理单位积极参与施工招标文件编制和施工合同谈判，对了解签订合同双方和合同内容都有好处，也为今后的合同管理奠定良好的基础，是掌握合同管理的最好办法。

施工招标应当具备的条件之一为监理单位已确定，因此，监理单位有条件也有义务参与工程施工招标和合同谈判活动。监理单位是具备相应资质，专业且有相应经验的单位，在前期积极参加招标文件编制和合同制订、谈判，尽可能减少合同内容错、漏，力求合同全面、准确、严密并具有可操作性，这样既有利于合同的执行，又有利于监理单位实施合同管理，更可进一步减少合同履行过程中纠纷和争端的发生。

增强法律和合同意识，熟悉和理解合同内容。根据有关规定，当合同内容与国家法律、法规相抵触时，应以法律和法规为准，即法律和法规效力高于合同。因此，增强监理人员的法律意识，学习并理解相关法律、法规，掌握法律、法规和合同之间的关系，是做好合同管理的基础。

熟悉掌握并充分理解合同条款，这是监理工程师开展合同管理工作的前提。如果对合同不熟悉或理解不够透彻往往会严重影响监理工作质量，甚至使监理工作陷入被动局面。因此，在现场监理机构成立后，应尽快组织监理人员认真学习、熟悉相关合同，充分了解合同双方的责任和义务，并认真分析合同内容风险，为全面开展监理工作做好充分的准备。

此外，由于施工合同涉及内容较多，无论合同制订得多么详细，都不可能全面预见和解决工程建设过程中出现的一切问题。在合同谈判、签订阶段难免会出现疏漏、错误、不完善或者容易产生歧义的地方，在合同执行过程中如发现上述问题，监理单位应及时提醒和告知合同双方，及时组织对存在的合同问题进行研究分析，并促成合同双方通过补充协议或会议纪要等形式予以完善和补充，尽量避免和减少日后出现不必要的争议和纠纷。

严格执行合同，督促和协调合同各方履行义务。监理与业主虽然是委托与被委托的关系，但其身份应为"独立、公正的第三方"。在监理活动中，监理单位应站在公正的立场，运用自己的专业知识与技能，科学地分析和处理施工中出现的问题，做到以法律为准绳、以合同为依据，根据监理合同赋予的权力，率先垂范、不偏不倚，在不违背国家法律、法规和合同的基础上，独立、公正地提出处理意见和决定，严格按合同约定处理工程监理事务。

工程建设合同详细规定双方所承担的责任、权利和义务，明确了合同双方的法律和经济关系，在合同履行过程中，合同双方都有权利用合同来维护自己正当合理的经济利益。在合同双方发生纠纷和争端时，可以通过协商、调解、仲裁等方式解决，但无论采用何种方式，都必须以合同规定的有关条款为依据。监理单位在工程建设过程中，应起到沟通桥梁的作用，督促和协调合同各方严格依据合同履行各自应尽的义务。

及时、谨慎、正确处理变更、违约和索赔事项。由于水利水电工程施工工期长、地质情况复杂、施工条件多变，施工过程的动态规律必然会出现因设计调整、施工工序和方法改变、设备与材料价格波动等原因造成的一系列合同变更。合同项目变更往往会引起合同双方的争议，因此，监理单位应特别慎重对待合同变更问题。在变更情况发生后，监理单位应及时对变更事项进行审核认定，并督促施工单位及时对变更项目进行申报，同时做好变更基础资料的收集准备工作，按照合同约定原则及时审核处理变更事项，避免因申报、审核超过时效，原始依据收集不足难以溯源等原因带来不必要的争议和造成各方损失。

违约和索赔处理是工程建设合同管理的重要内容之一。在工程建设中，合同双方的经济利益目标是不同的，业主单位希望尽可能用更省的投资完成工程建设，而施工单位则会利用一切机会尽可能获得更多的报酬。虽然在国内工程建设中发生的工程索赔行为并不多见，遇到索赔事宜，合同双方会首先考虑用友好协商的办法，采取弥补的方式解决，但是基于维护己方利益，当协商不成后，作为最后的减少风险损失的手段，也会采取索赔方式。当索赔事项发生时，监理单位应该认真对待，不回避、不推迟，严格按照合同约定条款，有理有据对索赔事项进行分析和判断，并及时做出审核意见。无论是发包方还是承包方的索赔，监理工程师都应该本着公平、公正、独立的原则予以处理。

加强监理队伍自身建设，不断提高业务水平。建设监理制已经成为工程建设基本制度，法律赋予了监理工程师对工程项目施工进行质量、进度和投资控制及合同管理的职责。同时，工程建设监理本身也是一种委托服务的合同关系，能否服务好工程建设，否能让施工合同双方都满意，除了有一个良好宽松的社会环境，还必须有规范和过硬的业务能力，否则监理单位难以在工程实施中树立威信，也难以让施工合同双方满意，更难以承担起法律赋予的建设监理的责任。因此，加强监理队伍自身建设必须从监理人员的思想素质、专业素质、道德水平等方面进行全方位培养和锻炼，这样才能够真正规范监理行为，才能管理好合同，服务好工程建设。

合同管理是监理的重要任务，是质量、进度、投资控制及其他管理工作的基础和核心。在工程监理过程中，监理单位应牢固树立合同的法制观念，加强建设工程项目的合同管理，严格按照合同约定，依法、依规、科学有序开展监理工作，这样才能确保工程在质量、进度、投资受控的情况下顺利实现工程项目的建设目标。

第四节　水利水电工程施工合同的索赔管理

本节首先对工程索赔的内涵和引起工程索赔的原因进行了简单介绍，然后提出了有效降低水利水电工程施工合同索赔的有效措施，以期能够提高水利水电工程施工合同的索赔管理，达到降低风险损失的目的。

一、工程索赔的相关理论概述

工程索赔的内涵。所谓工程索赔，就是工程承包当事人由于另一方没有按照合同要求而导致当事人因为承担风险而遭受了损失，并向违反合同的一方提出索赔来弥补损失要求的一种维护自身利益的行为。实际上，索赔是双向的，需要双方的参与。一般情况下，我们所说的索赔是指工程的承包人在施工过程中，由于外界原因而对工程预期的时间、费用等造成一定影响，进而要求补偿损失的一种要求，表明了一种权利责任关系。

导致工程索赔的因素很多，所以，按照不同的保准，可以将工程索赔分为不同的类别，例如，如果以工程合同的索赔依据为标准，额可以将工程索赔分为两类，即合同中规定的索赔和合同中为表明的索赔；如果以工程索赔的目的为分类标准，可以将其分为工期索赔和费用索赔；如果以工程索赔事件的性质为标准，就将工程索赔分为工程变更索赔、加速索赔和意外索赔等。

在工程建设的过程中，意外时有发生，而且意外的形式却是多种多样，所以，这些事件是不是属于索赔范畴还很难确定，因为有时索赔事件的发生会引起变更。例如，工程设计需要减少或者增加工程量，就会对原有合同规定的工期产生影响，即使增加或减少的工程量也按照合同上的规定而进行支付，工程的承包者也可以提出延长或者缩短工期，也就意味着产生了工程索赔。还有，如果上面例举事件，若是要求工程工期不发生变化，那么承包者可以因为增加的工程投入而提出弥补成本损失。再如，工程设计的变化会导致工程量的变化，所以承包者就会因为工期、利润、设备成本增加等原因而提出索赔问题，而索赔问题往往都伴随着风险，因此，在进行工程索赔时对风险进行分析。

引起工程索赔的原因。工程索赔的原因主要包括两类，即外界因素和自身因素：其中外界因素主要是由自然因素和政治因素引起的，例如一些不可抗力因素，暴风、洪水、地震和战争等；而自身因素则是指有工程引起的因素，例如工程图纸设计的精确度、工程量的变化；双方违反合同中所规定的双方应该承担的义务和责任；业主在施工过程中提出的要求；工程建设需要的搬迁；工程进度为按照工期完成；工程质量不符合标准以及其他的违反合同事件。

二、水利水电工程施工合同的索赔管理

合同双方在水利水电工程施工合同的管理的各个阶段都要时刻主义者索赔的风险，特别是

综合性的风险，为了有效降低风险程度，降低工程索赔的发生，可以在工程合同的索赔管理中采取以下措施。

第一，时时关注工程质量，根除由工程质量所带来的索赔。工程量的变更能够反映出工程量的质量，因此，在进行工程设计时要严格谨慎，这也是对工程设计的变更量进行控制的有效手段。由于时间的问题会影响到工程的勘察，设计人员也以此为依据进行工程设计，将会给工程的设计质量造成重大影响。如果时间紧迫，会影响工程设计的严密性，各方面之间也会缺乏协调，所以在设计时也会出现误差，对设计的反复修改会增加工程量和工程投资成本，以至于无法按照合同所规定的工期竣工，进而出现工程索赔。

遇到这种情况，可以采取以下措施解决该问题：首先对工程设计进行招标，中标后双方签署合同，确认双方的义务和责任；其次，为工程勘察提供充足的实践，以免因为时间紧迫而影响勘察结果；再次，选取最佳设计方案，并优化工程建设的管理；最后，工程业主与设计人员签订合同后提供设计图，并安排工程建设、制定各种建成制度和管理方法。

通过招标的方式选取设计单位，可以设计出最佳的设计方案，同时最佳设计单位会预算处合理的报价，并且具有高素质、技术高的设计人员，可以大大降低工程量的修改和变更，同时，为了促进设计人员的积极性，可以在一定程度上给以他们适当的压力和奖励，在奖惩合理的环境中，提高他们的工作效率，对水利水电工程的施工质量、工期和成本节约都具有重大意义。

第二，编制好招标文件。由于工程索赔的依据就是业主与中标单位签订的招标文件，因此，为了保证工程质量，要仔细审查招标文件的内容，尤其是招标价格、商务条款等都要标准进行编制。因为招标文件是工程合同的重要组成部分，同时也是业主与投标人之间承诺的证明，所以，一旦招标文件中的内容出现了缺漏，出现容易引人误解的情况，会很容易引起双方的合同纠纷。特别是对工程量大的工程来说，例如水利水电工程，建设承包不可能仅仅一家，业主会选择多家来工程完成工程建设，就会将合同细化为几个标段进行招标，因此要对标段的划分进行科学的选择，以致各个标段的招标和建设不会出现干扰的现象，同时也不会因为不同标段的材料供应出现增值税现象。

当遇到这种情况的时候，首先，可以给招标文件的编制人员一个合理的实践，同时合同的条款要符合合同的规定，并将编制后的合同给专家审核，确保合同无误；其次，对标段进行科学、合理的划分，保证它们之间的相对独立性；最后，保证产品的各个工序有一个统一的建设者来完成。

第三，通过保险的方式来降低风险给工程带来的损失。在合同中规定了合同签订者各自的权利和义务，同时也明确了双方预期的风险，特别是在工程施工过程中所遇到的不可抗力的因素，例如暴风、洪水、战争等，都是人为不可避免的，这些风险给工程带来的损失都是无法预测的，所以，为了有效地降低风险损失，可以根据合同的规定给工程投险，通过这种方式来降低风险给工程带来的损失，及可能发生的工程索赔转移给保险公司。

总之，水利水电工程施工合同的索赔是不可避免的，我们只能科学地进行索赔管理，有效地降低工程索赔的发生，并及时地采取措施来降低索赔损失，对工程风险进行预测，有效控制风险，进而达到减少风险损失的目的。

第五节　水利水电建筑工程招投标阶段合同管理

合同管理在水利水电建筑工程招投标阶段至关重要，影响到整体工程各部分的工作衔接与合作能否顺利开展。文章以此为出发点，首先分析了水利水电建筑工程合同管理在招标投标中的作用；其次研究分析了招标阶段合同管理存在的问题，包括招标与合同管理相脱节、招标文件的内容不够规范和细致、招投标机制仍需完善；最后分析了加强水利水电建筑工程招投标阶段合理管理的措施，包括加强合同管理与招投标配合、规范和细化招投标文件的内容，健全和完善招投标配套制度体系。

招标和投标阶段的合同管理是关系到整体水利水电工程顺利进行的重要基础，工程各阶段的正常运作也需要完善合同管理，确保水利水电建筑工程各个合作主体之间相互协商订立合同，明确各主体在招标和投标等阶段必须履行的义务和合法权利，加强合同管理是提升工程合作合法性和完善强化保障的重要条件，通过研究和分析水利水电建筑工程招投标阶段合同管理，有利于充分发挥理论对实践的指导和支持作用。

一、水利水电建筑工程合同管理在招标投标中的作用及特点

水利水电建筑工程合同管理在招标投标中的作用，包括水利水电在内的建筑工程项目发展初期，招标及投标阶段的合同管理重视程度不足，导致后期工程项目建设遇到了很大问题。招标以及投标阶段的合同管理不仅是保障各项合同原始资料的完整性与确定性，而且也需要将合同各项职责履行和权力行使与书面合同条款要求相配合，以此发挥合同的法律约束和指导作用。与此同时，合同管理也是为合同正式签订前期充分了解合同内容做准备，在工程建筑质量、建设成本以及工期等方面都需要规范合同条款，确保出现影响工程建设问题的情况下采取合理高效的解决对策。招投标工作需要以科学的合同管理为基础，调动各部门相互配合，合同管理也是为敦促招标和投标主体积极履行义务、维护合同法律效力的重要体现。水利水电工程项目建设单位只有将招标投标各项工作与合同管理工作相结合，充分认识到合同管理的重要性，才能保障工程建设顺利开展，保障项目开展的经济效益。

工程项目合同特点。合同履约的方式具有连续性且周期相对较长。经建设工程的特殊性而决定，因为建设工程项目达成是按部就班的，因此，其履约方式具备渐进性与连续性。对项目管理相关人员依照合同与实际情况做有效管理提出了更高的要求，以此保障合同顺利履行。

条款多，内容庞杂。因为所有工程项目特殊性与制约因素，因此合同当中除通用条款以外，还包含专用条款、专利、保险税收等内容。所以签署合同的时候，一定对各方因素综合考虑，避免造成不良后果。

合同具有多变性。项目实施过程当中常会遇到设计变更与合同条款修改，因此项目管理相关工作人员势必要加强变更管理，做好登记，为索赔、变更与终止合同提供参照依据。

经济法律的关系具有多元性。主要表现为合同签署与实施过程当中所涉及多方关系，建设方委派合同管理单位做施工管理，承包商还关系到专业分包的材料供应与设备加工，还有银行与保险诸多单位，关系非常复杂，该关系依据经济合同达成。

二、水利水电建筑工程招标阶段合同管理存在的问题

招投标阶段的合同管理伴随着水利水电建筑工程的社会关注程度提升已经不断完善，其重要性也开始被更多企业意识到，但是就目前来说，招标阶段合同管理依然存在招标与合同管理相脱节的问题，部分企业将招投标文件中已经明确规定和承诺的内容随意更改，严重违背了合同管理基本准则要求。对于建筑工程项目的具体工期、质量标准、建筑原料等合同条款的要求不够清晰，很容易导致建筑商违约操作；其次存在的招标文件的内容不够规范和细致问题，若合同内容模糊有误或信息有所失真，那么其指导作用和权威性便会直接弱化，无论是合同变更抑或是索赔即都会由此而受到不良影响，目前来看招投标机制仍需完善。

招标与合同管理相脱节。目前我国大部分企业虽然已经意识到了合同管理的重要作用，但是依然未能深入结合企业招投标工作实际制定科学的合同管理体系，合同管理与招投标工作处于脱节状态，单独的工作管理内容即使完成到位，也无法很好的对接，和发挥合同管理应有的价值和意义。例如；部分水利水电工程建设招投标项目的合同制定条款细节不完善，部分重点条件和特殊情况下的合同条件未能清晰说明，导致招投标文件的承诺信息存在漏洞，这将会直接对下一步的合作共同意向达成和合同顺利签署产生影响。还有部分企业将招投标文件中已经明确规定和承诺的内容随意更改，严重违背了合同管理基本准则要求。对于建筑工程项目的具体工期、质量标准、建筑原料等合同条款的要求不够清晰，很容易导致建筑商违约操作，由于招标与合同管理相脱节和容易让企业付出不必要的代价。

招标文件的内容不够规范和细致。结合我国当前水利水电建筑工程招标文件内容的整体情况来看，招标文件的编制工作多由专门的招投标代理机构执行，但碍于资质和专业性等诸多方面的综合影响，多数招投标代理机构只在该活动领域专业，而缺乏对水利水电工程技术要求和具体内容等方面的基础了解。如此，招投标文件内容受此影响普遍存在内容单一、缺乏专业性和深度等问题，对于后续合同的签订来说无疑会起到极其不良的阻碍。与此同时，水利水电工程合同管理过程也缺乏代理机构的积极参与，合同管理经验必然相对有限，招投标文件亦难免因受此影响而导致编制水平受限，甚至于为合同签订的顺利性带来更多隐患。若合同内容有误或信息有所失真，那么其指导作用和权威性便会直接弱化，无论是合同变更抑或是索赔即都会由此而受到不良影响。

招投标机制仍需完善。水利水电建筑工程招投标工作的完善，对于相关机制的依赖程度毋庸置疑。客观来讲，我国目前该行业领域的招投标工作管理制度已有了相对明显的整体化提升，

包括文件的审查、程序的监管、主体资质的审核以及合同登记备案等，对于招投标工作实效性确实起到了很大程度上的促进作用，同时也在很大程度上降低了虚假招标或躲避招标等问题的发生率。然而纵观现有机制，依然存在着约束力不强等问题，致使行业一些不合规行为依然大范围存在，由此导致的结果即多表现于对中标之后合同签订和责任履行的不匹配影响，更有甚者还可能因此而引发更为严重的法律纠纷问题。还有部分工程结束之后远远偏离了招投标之前的预期，对于各主体利益的损害问题也就在所难免。

三、加强水利水电建筑工程招投标阶段合理管理的措施

加强合同管理与招投标配合。合同管理实为水利水电工程招投标工作的重要依据，为此，相关建筑工程有必要在招投标阶段拉动合同管理方面工作人员的大力参与，包括对招投标文件的审核与签订过程的控制等。与此同时，在整个招投标工作进程中，合同管理人员都应当起到应有的监管作用，通过对相关进程的密切跟进及时获取第一手资料，如此才能够确保合同内容的严谨性和真实性，为后续合同的签订提供更可靠的保障。然而受到专业性的影响，要求招标代理机构相关人员全面了解招投标文件内容似乎不切实际，因此对于合同的审查也需要招投标项目负责人予以大力监管，并在此过程中严控各类问题的发生，对于一些合同安全隐患问题应当给予及时处理。尤其是招投标人员有必要在项目之后对其进行积极回访，通过合同约定条款的对比，检查项目建设实际过程中的具体执行效果，为有效评估的开展打好基础，并为今后招投标工作的开展积累更为丰富的经验。

规范和细化招投标文件的内容。加强水利水电建筑工程招投标阶段合理管理需要将招投标文件的内容进一步规范化和细致化，可以尝试推行示范文本。招投标文本的规范化编制在企业当中是关键性的工作内容，因此需要全面提升企业中专门负责招投标项目的编制人员专业水平和职业素养。规范化的招投标文件应该有首先由明确的项目数量、项目须知、具体项目价格和实际的计算方式，项目涉及的技术方面需要由具体的技术评价标准以及方法。招投标文件在编制过程中需要依据编制要求进行条款确认，有关于投标人的资质说明部分要求有证明文件，除此之外，水利水电工程项目当中的工程款项交易也需要细化到支付模式、价格确认方式，以及合作双方各自的权利和义务等。推行示范文本是可操作较强同时可以高效快速提升招投标合同整体文本内容规范性、书写和编制科学性的重要有效手段，示范文本也需要强调具体的担保方式说明以及争议调解方式。

健全和完善招投标配套制度体系。水利水电工程项目建设过程中要想实现对招投标工作的高质量管理，必然需要以相关完善的制度建设作为必要基础，如此才能确保各项工作的开展有章可循。一方面，规范性文件体系需要被充分落实并全面推广应用，在此过程口依据实际情况加以动态性调整，确保招投标管理运作体系的完善性，使之能够具备基本的规范化和科学性。同时以此架构的统一化模式也有利于解决传统时期混乱管理所导致的政策出入问题；另一方面，要重点对招投标工作相关配套法律体系加以进一步完善。之所以水利水电工程项目招投标的一

些问题难以有效避免，很多都是因为对此文件可操作性的错误判断，为了有效避免歧义或漏洞以使得招投标工作的合规，即需要各主体与时俱进，扩大招投标平台的范围，致力于加大投入力度推动其信息化发展，并以此实现公开化管理，建立信用档案，加强全行业监管，加大力度打击招投标工作中的各类违法违规行为，净化行业环境风气。

综上所述，招标和投标阶段的合同管理是关系到整体水利水电工程顺利进行的重要基础，工程各阶段的正常运作也需要完善合同管理。目前招投标阶段合同管理存在的问题包括招标与合同管理相脱节，招标文件的内容不够规范和细致，招投标机制仍需完善。对此需要加强合同管理与招投标配合，规范和细化招投标文件的内容，健全和完善招投标配套制度体系。通过研究和分析水利水电建筑工程招投标阶段合同管理，有利于充分发挥理论对实践的指导和支撑作用。

第六节　水利水电工程 EPC 总承包模式下的总承包合同管理

我国经济在发展的过程中，水利水电工程项目发展规模越来越大，并且具有一定的复杂性，并且具有投资大、周期长以及技术复杂等特点，同时对项目管理水平要求逐渐提高。其中，EPC 总承包管理模式是国际通用的工程建设管理模式，能够有效实现管理工作一体化，以此避免中间环节对总体目标的影响，从而将效益与风险实施全面的统一。在使用 EPC 总承包管理模式的基础上，为了确保总承包商自身风险的降低，需要对总承包合同实施有效的管理，这也为 EPC 总承包管理模式的较快发展奠定了良好的基础。

一、工程概况

本节以某河道整治工程为例对其进行深入的研究，该河道整治工程是对城市区域的河道整治，兼顾城市景观的重要工程，利用现有河道及鱼塘水体进行调补水，利用现有河道护岸进行景观建设，是其成为城市景观的亮点。业主招标主要是在可行性研究报告审批后进行，并且使用 EPC 总承包管理模式，在招标过程中，要求总承包商应具有工程设计的甲级资质，施工分包商应具备总承包一级资质。

二、EPC 总承包管理模式

EPC 总承包模式是对采购、施工工程总承包实施有效的设计。其中，EPC 总承包模式在应用的过程中，会大大降低其施工成本，并且在此基础上对一些工程实施全面构建，在工程建设的过程中应用较为广泛。此外，在此模式中，首先进行招标，中标后方能够签订承包合同，同时在此基础上对项目实施有效的设计、采购以及施工等环节，项目施工后达到业主要求方为合格。主要有以下两种形式：（1）施工企业应取得总承包施工资质，完成中标后的施工任务，对施工任务进行设计对外承包；（2）EPC总承包商为施工单位。施工单位是EPC总承包商，对下项目整体目标实施有效管理，设计、采购以及施工等环节均由总承包商负责。

三、EPC总承包合同的特点

EPC总承合同主要是指工程项目由总承包商进行管理，分包后总承包商的合同管理包括分包合同管理与总承包合同管理，业主只需要负责总承包合同管理，对分包合同进行备案，与承包商的权责明确。因此EPC总承包合同的特点就是：业主只对工程整体管理与控制，总承包商对工程实施过程进行管理，施工企业虽然有一定的风险，但有利于总承包商的对设计方案的优化。

四、EPC总承包合同的管理

合同范围。水利水电工程因自身管理体系要求，在EPC总承包合同中需要对具体实施范围进行有效的明确，一般情况下包含了勘测、设计、实验以及移民补偿实施等，建安工程、主体工程、运输管理、机电设备、管理设施工程、工程验收以及服务质量等。

合同管理要求。在对合同进行管理的过程中，应确保管理制度的完善，并且管理计划周密，目的明确；构建较为规范的管理程序，在管理过程中严格履行合同内容；对设计控制实施有效加强，对一些环节进行设计优化、减少变更、以此满足施工进度要求，还应形成例会制度，降低费用，提升管理质量，最大程度上降低风险。

合同进度价款支付。EPC项目合同一般情况下采用了总价合同，在支付工程进度款期间，业主需要根据合同中的相关内容进行月付，同时还能够进行阶段性支付，其中合同中有明确的付款金额，此外还能够规定每次付款的百分比。

五、EPC总承包合同的不足

总承包合同在管理过程中的存在一些问题，主要表现在以下几个方面：（1）将总承包单位＝明确为施工、设计的联合体，同时根据牵头单位，以此确保双方权利与责任保持一定的均衡，然而在此过程中施工中的主导作用在此期间无法得到有效发挥；（2）合同中没有将暂列金与暂估价的使用权属进行有效的规定，只在报价中实施了备注，以至于出现认知差异；（3）合同条款不够完善，合同中总价、工期不进行调整，把那个在合同中对调整合同高总价项目进行了确定，但没有对具体程序、范围及权属进行规定。

六、EPC 总承包合同管理的经验

不确定因素。在对项目进行招标的过程中，需要读工程项目建设期间可能出现的不确定因素，为了降低风险，在对合同范围进行明确的过程中，在清单中可预烈低于工程报价 10% 的暂列金，以此作为降低风险的预备金，将其列入合同总价中，在合同中应明确业主使用权，业主能够通过项目具体情况进行实时性掌握与使用，并且预备金也应归业主所有。若项目地质出现变动的情况下，需要使用到费用，总承包商需要根据规定程序由业主进行审批，才能进行有效结算。

暂估价调整权。业主在招标期间，招标中有水土保护以环境保护等措施，但是无法对相关费用实施明确，此部分为暂估价，应将业主的调整权明确在合同中，业主享有结余部分，不足应从暂列金中进行列支。

管理体制。在项目建设的过程中，需要对管理体制实施有效的制定，在此基础上应制定"小业主、大监理"的管理体制，这较大程度上能够发挥监理的作用，并且可对工程进度、质量以及费用等实施有效控制，起到了控制管理与协调管理的作用。

合同报价风险的降低。总承包商在进行投标的过程中，首先需要对业主提供的数据与资料进行详细分析与验证，并在此基础上对工程地形、地质以及周围环境等因素进行全面调查，同时还应对工程范围内一些影响因素详细了解，比如工程建设过程中的灌溉渠道、住户以及地下管道等，据此提出有效的解决方案，这在较大程度上能够使合同报价风险有效地降低。

合同项目风险的控制。合同项目也具有一定的风险，需要对其进行有效的控制，为此总承包商在设计的过程中，对外界工作进行加密勘测，并在此基础上对提出的问题采取有效的方法进行解决。此外，还应根据实际情况对设计方案进行优化，并在此基础上对限额设计实施全面控制，这在较大程度上能够避免设计过程中出现变更情况的发生，以此对使合同项目设计风险控制降至最低，从而达到合同项目控制要求。

可靠的经济分析与数据支持。在对合同项目进行设计与管理的过程中，离不开对数据的具体分析与经济分析，这也是提升合同项目管理质量重要的保障。此外，总承包商在采购的过程中，应对采购指定合理的计划，并严格执行该计划，同时在此基础上进行采购数据库的有效构建，以此对相关数据进行有效的整理与分析。还应站在市场的角度对相关产品进行详细分析，相关产品在市场中对一些大宗材料与设备能够进行供应商数据库的全面建立，并在此基础上进行价格信息的有效的录入，此外还应对数据实时更新，这在较大程度上能够为合同采购成本的降低提供一定的数据支持与经济分析。

合同项目施工投资的控制。由于合同项目中较为重要的是项目施工投资，这就需要采取有效的方法对其进行有效的控制。为此，总承包商在施工的过程中，为了确保管理质量的提高，应构建完善的施工管理体系，并在此基础上对计划管理实施有效地加强，同时对施工现场进行全方位管理与控制，协调不同施工环节之间的衔接工作，使不同施工工序得到有序进行，在此过程中需要避免交叉作业。此外，还应对相关施工资源实施有效的配置，并在此基础上对一些重要隐蔽工程以及关键施工部位采取严格控制方法，不但能够提升工程控制质量，而且可大大提高检验合格率，以此对合同项目施工投资实施有效的控制。

合同总承包商与分包商。合同总承包商与分包商两者对施工项目有较大的区别，其中合同总承包商与分包商项目施工范围有一定的限制，只能对一个项目进行设计与施工，不能进行联合，具有一定的局限性。分包商主要是通过总包商根据业主要求采用招标以及其他有效方式对施工项目实施有效确定，能够实现联合，这也为 EPC 总承包管理模式的较快发展奠定了良好的基础。

综上所述，水利水电工程的发展对我国一些领域的发展尤为重要，其建设质量对我国经济的发展产生一定的影响。此外，EPC 总承包管理模式是提升水利水电工程中总承包合同管理的基础，在水利水电工程中有较为广泛的应用，不但能够加快工程进度，而且在此基础上对工程安全性的全面提高具有较大的促进作用。同时，EPC 总承包管理模式中总承包合同的有效管理，大大提高了建设效率，降低了工程施工成本，为全面提升水利水电工程项目管理水平奠定良好的基础。

第九章　水利水电工程的施工管理

第一节　水利水电工程的施工管理问题

随着我国改革开放步伐的加快以及国民经济的发展，各个行业都获得了巨大的发展空间，水利水电工程也成为关系着国计民生的大业，对国民经济的发展具有重要的推动作用，因此必须要加强对水利水电工程施工管理的重视。本节笔者基于管理角度，对水利水电施工中面临的管理困境进行系数阐述，从完善水利水电管理体系、加强对施工计划的完善等角度提出改进性措施。

水利水电工程建设关系着人们的生产生活以及国民经济的发展，因此对水利水电工程建设的要求比较高。加强水利水电工程资源优化配置，促进水利水电工程的发展是一项非常重要的工作。水利水电工程的建设能够有效防洪抗涝，同时实现水力发电、对农田的灌溉以及水利环境的完善。通过对水利水电工程建设的完善管理，有利于降低工程成本，提高工程质量，造福社会，服务人民。

一、基于管理工作的水利水电工程施工面临问题

从我国水利水电工程施工情况来看，其产生的施工管理问题可以体现在多个方面，接下来将对具体的施工管理问题进行分析：

水利水电施工管理体系陈旧。随着我国经济和技术能力的提升，水利水电工程施工也取得了巨大的进展，但是从具体的施工管理情况来看，管理体系仍然比较落后，导致水利水电管理工作开展不顺利，而造成水利水电工程管理体系陈旧的主要原因为我国水利水电工程施工的特殊性决定。在水利水电工程建设中，项目的施工方、管理方、投资方以及监理方等在具体的施工管理中没有对责任进行明确的界定，导致施工管理中存在多方管理或者管理空白，造成施工管理混乱。

水利水电工程施工前准备不充分。水利水电工程施工中涉及的施工量一般都比较大，而且必须要保证进度，需要在规定的时间内完成，因此必须要在施工前做好充分的准备。如果在施工前没有做好准备工作必然会导致后期的施工进度受到影响。比如施工的设备存在隐患，在施工的过程中会导致工程不得不停工或者造成施工安全事故，导致施工质量受到影响。

水利水电工程施工质量监督不到位。水利水电工程施工中涉及的任务重，同时施工周期一般都比较长，很多工程无法在短时间内完成，因此对施工质量安全监督的要求也更高。水利水电工程施工质量安全监督的主要人员为监理人员，但是从当前水利水电工程建设施工的监督情况来看，监理人员的配置以及监理监督的工作落实不到位。监理人员需要由管理方以及施工方共同组成，但是在实际的监理工作中，施工方却往往没有专门设置施工监理人员，导致监理方与施工方的沟通和工作协调不顺畅，同时监理工作实施的过程中，形式化严重，很多监理内容都是走过场，没有发挥监理的作用。

水利水电工程施工后期把关不良。水利水电工程项目建设中涉及的专业内容多，包括地质勘探、土方建筑、地下施工、爆破技术、高空作业等多方面的知识内容，而且各科专业内容复杂。导致工程建设后期的质量把关存在很多的问题。尤其是对于一些中小型的水利水电工程来说，由于工程量小，因此关注度比较低，对施工质量的管理也会有所放松，导致施工中存在的质量问题没有被及时发现和纠正，造成水利水电工程建设质量不过关，在工程交付后没有正常使用或者缩短工程的使用寿命。此外工程建设违规投标问题也比较常见，导致工程质量难以把关。

缺乏全方位的监督和审核体系。水利水电施工过程中，施工企业主要监督和审计的为工程的进度、质量以及回款率等几个项目，缺乏对具体效益的考核。同时在工程项目施工前没有做好预算工作，在施工过程中缺乏核算意识，在施工结束后没有做好结算，导致水利水电工程项目的成本控制工作落实不彻底。这也导致部分水利水电工程施工企业虽然能够保质保量地完成施工工作，但是最后却面临着亏损。

二、改进水利水电工程施工困境的主要措施

通过以上分析可知，在水利水电工程施工管理中存在很多的问题，影响水利水电工程的建设质量和使用寿命，因此需要针对这些问题采取相应的解决对策，保证水利水电工程的顺利开展。

完善水利水电管理体系，加强施工质量管理。由于水利水电管理体系的陈旧和落后，导致在实际的工程施工管理过程中存在较大的难度，因此必须要加强对水利水电管理体系的完善。在管理体系中需要兼顾到设计、施工、建设以及监理等多个方面，同时对各方的工作责任进行明确。采用责任分摊制度，将施工中的准备工作、施工工作、监理工作以及质量监督等工作进行细化，并落实到具体的管理部门和单位，使施工管理工作更加具体，并对施工管理内容和责任进行明确，有效避免施工管理体系落后影响施工质量的管理和工程的有序开展。

加强对施工计划的完善。水利水电工程施工过程中，施工前、施工中以及施工后都需要建设一套完善的施工方案，进而有效应对施工中可能出现的进度以及质量问题。比如在堤坝施工的过程中，可以先将堤坝施工处理分为三个部分，分别为地基处理、土石方处理以及混凝土处理。这三部分互相影响但是同时也存在一定的区别。通过对这三个部分内容的合理安排，有利于保证工期的顺利进行，同时做好对施工计划的改进，为后续的顺利施工奠定基础。

做好施工的质量控制和管理。水利水电工程的工序复杂，工程量大，因此必须做好各个工序的质量控制工作，工程的施工方以及建设方都需要设置与监理专门对接的岗位，使监理能够及时了解施工以及建设的目标和要求，并做好质量监督监管工作。对于每道工序都需要对工序的开展条件以及后期的效果进行控制，从而保证工序开展的质量，为工程建设的事中控制以及事后控制等都做好计划，保证各个工序落实都符合要求和标准，如果发现存在不符合标准的工序，需要立即返工。

科学控制水利水电工程的施工成本，促进工程质效的优化。水利水电施工单位在中标后必须要加强成本控制才能够保证施工成本利润，因此制定科学、全面的施工成本控制体系尤为重要。在制定施工成本控制体系后，需要严格按照该体系执行，同时在水利水电工程建设中需要做好各项施工中的成本记录，保证记录的详尽性和完整性，内容包括人工、耗材、机械消耗、场地布置等，同时在水利水电成本控制中需要针对不同的成本费用建立不同的成本控制标准。以合同成本控制为例，在施工成本控制中需要以合同中的成本项目为标准，在预算定额中，需要严格按照国家或者地方的预算定额制度或者成本控制标准进行，实现对成本的有效控制。此外，降低水利水电工程施工成本。由于施工企业管理制度的落后，导致施工成本控制意识不足，因此必须要注重对工序成本的优化，保证施工目标的实现。比如对于一些使用频率低，价格高的设备可以通过租赁的方式获取，降低设备购置费用。

综上所述，水利水电工程施工中由于管理机制的落后以及工程自身特点决定，导致施工管理中存在很多的问题，使水利水电工程的质量和进度受到影响，因此必须要加强对水利水电施工管理工作的重视，针对其中存在的问题，采取相应的改善对策，促进水利水电工程的顺利开展，为水利水电行业的发展奠定基础。

第二节 水利水电工程施工经营管理

由于我国综合实力的不断增强，很多工程项目不断涌现出来，一方面使得国家、社会发展有了推动力，另一方面其能够对国家经济发展给予推。对于国家建设过程中，最不可或缺的一个内容就是水利水电工程，现阶段，社会各界开始对这一项目给予重视。因为对于水利水电工程来说，其施工量不小，在具体施工过程中与之相关的内容有很多，因此，在经营管理方面必然会产生一系列的问题。因此，本节以水利水电工程施工的相关概述入手，对当前水利水电施工经营管理过程中存在的问题进行分析，同时自经营管理制度、施工现场、施工成本等方面提出水利水电工程施工经营管理的对策，期望能对水利水电工程施工经营管理水平的提升起到一定的借鉴作用。

在国家建设过程中，水利水电工程的角色是非常重要的，和人们社会发展是息息相关的。在现阶段，大多数水利水电工程开始全面分析施工经营管理。①是因为落后的经营管理模式，与当前现代社会对水利水电工程的需求不相符，倘若未有效的创新经营管理方案，则会使工程整体质量下降。②因为水利水电施工经营管理中存在很多不足，必须有工程团队来对其进行分析，使工程平稳发展得以确保。

对于水利水电施工来说，工程量很大，其强度也要高一些，使用的机械设备也不少，其在环境方面的要求也要高一些，使得施工环境对其影响很大。所以，在水利水电施工时，要比较不同的施工方案，从而对其进行选择，这样才能将最佳的方案进行选择，使水利水电工程的质量得到确保。对于这一工程来说，一般来说，其施工环境以河流为主，因此，地质、气象等因素对其影响也要大一些，这一工程在施工时，使用的设备要多一些，所以其危险因素也要高一些。此外，这一工程的高空、水下等作业也要多一些，使得其危险性与其他行业进行比较要高一些。

对于水利水电工程来说，其施工特点主要有四个方面：①地质环境影响大；②施工现场远；③工程量大；④危险系数高。

一、水利水电工程施工经营管理问题分析

管理法规不健全。当前国内的法律法规就是对招投标、施工以及监理企业进行制约，其没有将工程施工管理包括在内，使得在施工时施工企业间会产生这样那样的冲突，使得工程的工期受到影响，使得水利水电工程出现拖期现象，此外，文件资料以及收费等也有待进一步的优化。

工作量不达标。在水利施工企业中，大多数施工人员的意识不强，使得很多工作做得不到位，导致水利水电工程质量受到影响，这一情况产生的原因就是由于施工人员的质量意识薄弱，这必然会使一些施工企业工作量不饱和，使得施工企业的正常运行受到影响。

管理方式粗放。对于水利水电工程来说，其施工地点以及工期等，与施工工程的特点有着直接的联系，通常来说，水利水电工程的施工周期要长一些，少的要数月，多的可能要数年。在当前，由于施工人员的综合素质不高，使得国内水利水电施工管理模式以粗放式为主，在施工时，验收工程材料以及施工工艺时，要求不严格，在项目管理过程中，基本以经验为主，并没有结合具体的情况对其进行调查分析，管理能力、水平与时代发展不相符，同时在采集、分析数据方面做得不到位。

企业管理体系缺失。在施工时，很多企业在施工管理的过程中，完善的施工管理目标是缺失的，相应的组织结构体系也不健全，不单单如此，企业的管理效率非常低，管理方法不科学，管理经验总结缺失，从某种程度来看，这些对于施工经营管理向科学化、规范化方向发展有着严重的阻碍。

二、水利水电工程施工经营管理对策

重视经营管理制度创新。想要使水利水电工程经营管理能力提升，则工程团队一定要将经营管理制度创新工作落实到位，其重点有三个方面：①工程管理团队要全方位掌握当前实行的经营管理制度，针对这些制度中存在的与时代发展需求不相符的内容，将其进行分类、梳理，此外查找、核对这些制度中存在的问题，这样对于今后的经营管理制度改进和优化打下坚实基

础。②对于水利水电工程来说，一定要深入探究新型的经营管理制度，把它和以往的制度体系有机联系在一起，使经营管理制度的有效性提升，与之有关的管理人员还要深入的分析新型经营管理制度的原则以及关键点，在具体应用中，将实施经验进行汇总，从而使水利水电工程的经营管理能力全面提升。③对于水利水电工程来说，其经营管理制度有着多样化的特点，例如施工质量保证制度、安全管理制度等。为了将这些制度的作用充分地发挥出来，则管理者就要对使研究力度加大，还要结合经营管理制度的不同，将具体的管理方案进行制定，使工程的有效实施得以确保。

重视施工现场经营管理。不单单经营管理制度，对于水利水电工程而言，还要高度关注施工现场的经营管理。因为水利水电工程施工过程中，会将很多的施工材料、设备等进行使用，倘若没有对其进行有效的管控，不单单会使工程工期产生影响，同时还会使施工人员的安全得不到保证。因此，工程管理者要结合按的要求，全方位的管理施工材料、设备。从施工材料方面来看，由于水利水电工程的材料类型多，施工材料的不同，其市场价格也是不一样的，材料的型号等的不同，使得价格也是不一样的，因此，在施工前，要科学的选择施工材料，结合工程的需求将价格适中、质量确保的材料进行选择，从而能够为工程经营管理工作的实施创设条件。同时，针对质量不合格的施工材料，还要立即将其更换，同时还要将施工材料的存放工作做工。因为有些材料对温度、湿度是有要求的，因此，施工管理者要优化管理施现场，从而使材料产生变质的现象得以避免。此外，管理者还要管理好材料的运输以及装卸等，从而使施工安全得到保证。最后，施工管理者要严格管控工程中应用的机械设备，倘若在检查过程中查找到机械的问题，必须马上向专业维修人员进行告知，对其进行及时的处理，同时将记录做好，从而使维护施工机械创设条件。针对存放机械设备的场地，管理者要对其进行监控，定期保养机械设备，这样，方可使机械设备的使用价值最大化，使工程经营管理成效得到保证。

重视施工成本经营管理。因为水利水电工程在实施时，会将很多的施工材料、设备等进行应用，由于工程量的增加，使得消耗的资源也在不断地增加，工程管理者要管理好施工人员，但是这些必须有很多的成本给予支撑，管理者要有效地管理好施工成本。①管理者要全方位掌握施工材料的市场价格。由于水利水电工程中，施工材料类型多，具有一定的复杂性，这些材料在价格方面也有很大的不同。倘若工程管理者未能详细的分析材料的市场价格，没有预测工程的材料价格，则在今后的成本管理过程中就会有很大的影响。所以，施工管理者一定要对材料的市场价格关注，从而使不必要的浪费得以产生。②工程管理者要分析施工中所需的能源消耗费用。因为水利水电工程在实施时，其会使很多的水、电资源消耗，很多复杂的施工环节还会将特殊能源进行应用，这时一定要管控好能源资源的消耗成本，将具有可行性的使用方案进行制定，方可使能源资源的使用价值最大化，从而为施工成本管理创设条件。③在工程施工过程中会有很多的人力，为了使工程得以保证，使施工人员的权益得到保证。因此，就要管控好人力资源的工资，因为施工人员的工资是工程成本管理中的重要内容之一，其对工程造价管理等有着一定的影响。因此，施工管理者要重视人员工资，从而使施工人员的工作质量、效率得以保证。

重视安全经营管理。不单单有上述内容，对于水利水电工程来说，施工现场的安全经营管理也是十分的关键的，因为水利水电工程会将很多的电气设备进行应用，倘若操作人员未结合标准来使用，则不单单会使工程实施受到影响，还会使人员的生命安全受到威胁。因此，管理者一定要重视安全管理，使安全意识提升，同时，在施工过程中，还会有灾害、极端天气等的产生，倘若管理者未对这一地区的自然环境等进行研究，就会使施工风险加大。因此，管理者要有效地管控好自然灾害等，使安全事故产生的概率降低，从而使工程的安全管理水平得以保证。

当前大多数水利水电工程在管理，都与经营管理理念、方式等有着重要的联系，因此，施工管理者不单单要对这些给予正确的认识，还要及时的优化、完善现有的经营管理体系，对新型管理方法的使用给予重视，这样才能为水利水电工程的平稳开展打下坚实基础。针对工程施工过程中存在的问题以及困难，施工管理者要详细地分析产生这些问题的根源以及原因，同时与工程具体情况有机联系在一起，将合理的、科学的解决方案进行制定，从而使工程施工过程中的不利因素得以降低，使工程质量不受到影响。这样在今后的发展过程中，会有其它高效的经营管理在这一工程中得到应用，这样才能为国家建设的有效开展创设良好的条件，打下坚实的基础。

第三节　水利水电工程施工分包管理

随着水利水电工程项目分包比重的逐渐加大，各种不规范分包现象时有发生，在工程招投标及执行合同过程中，应该从合同管理、资质审查等方面着手，加强分包队伍和工程分包管理，以保证整个工程项目的安全运行。鉴于此，本节从不同角度针对水利水电工程施工分包管理展开了一系列分析，希望可以为同行的研究带来一些参考。

水利水电工程分包对于建筑行业组织结构的优化起到了非常重要的作用，是提高生产效率的需要，工程分包管理直接影响到了企业的信誉及经济效益，慎重选择是分包管理工作中的关键环节，重点要将分包队伍选择关把好，同时进一步规范分包合同管理，不断规范分包队伍管理和建设。

一、水利水电工程施工分包简析

随着近年来建筑业项目管理体制改革的进一步发展，建筑业中劳务层和管理层开始不断分离，这种情况下大量建筑劳务队伍开始出现，建筑业开始初步形成了现有的企业组织结构形式，该组织结构以专业施工企业为骨干，以施工总承包为龙头，以劳务作业作为依托，这种组织结构形式是面向未来的建筑行业组织结构，是大型水利水电企业充分利用社会资源的需要。

随着水利水电工程建设市场的不断繁荣，大量分包开始出现，施工队伍总承包及分包组织形式开始逐渐走向成熟，相关资料表明，近年来水利水电工程专业分包呈现大幅增长的趋势，有一些企业已经达到了 70%，对于总承包单位来说选择和管理分包单位非常重要，由于合同的全部责任都需要总承包单位来承担，如果可以将分包单位选择、管理好，那么就可以为工程施工任务的全面完成提供保障，如果选择、管理的不好，将会面临施工进度落后，安全和质量得不到保证等一系列问题，所以，工程分包管理直接关系到建筑企业的信誉及经济效益。

二、水利水电工程分包存在的问题

工程分包和劳务分包监管不力。目前工程分包资质借用现象十分严重，水电建设行业中有很对资质不够的小型施工队伍混入，这些施工队伍和第三方签订合同，履行工程分包商的义务，还有非法转包及违法分包等现象大量存在。目前有很多分包队伍的质量、管理水平及技术能力都不能与工程建设需求相符合，他们主要依赖主承包商的管理。

分包方选择不规范。现阶段很多主承包方并没有建立起资源共享体制，多数情况下以项目经理为政，而分包方则听从项目经理的智慧，分包商的选择主要由项目经理决定，这种现象目前非常普遍，这种情况下对分包方选择的范围被限制，其市场化程度也不高，还有一些项目部在评审工作中缺少规范性，没有针对新引进的反包方进行详细的考察，很多分包队伍的素质并不高，这对工程主合同的顺利履约产生了不良影响。

分包工程履约过程监督力度不强。目前各水电大型企业都存在人员配备不足的问题，很多项目的规模非常大，其人员分布比较分散，加上工作面多，很多主承包商为了获得更大的经济效益，直接降低了管理成本，因此出现了工程管理力量不足等问题，出现了严重的"以包代管"现象。如果监理和业主因为合同内工程问题受到了处罚，往往会将罚款转加给劳务分包人。

总承包人和分包人之间合同纠纷频繁。之所以总承包人会与分包人之间产生合同上的纠纷，主要原因可以从以下几方面分析：①各企业在签订分包合同时会被迫接受一些不公平条款；②签订合同不及时，为了抢工期，分包人会及时组织人员开始施工，然后再协商单价；③因为管理不善分包人的利益会受到损失，一旦遭遇亏损，分包人会降低产品质量，或者利用各种借口变更合同。

三、加强施工分包管理的对策与措施

加强工程合同管理。监理和建设单位应严格按照合同内容，严格监管施工合同分包情况，对工程允许分包范围进行严格控制，并制定出工程分包管理办法，对分包合同审批制度进行严格的执行，落实谁审批谁负责的原则，建立分包管理台账。

分包合同条款的编制一定要严格，不断完善分包合同范本，并对其进行强制推行，基于设备、合同及人员建立管理台账，并定期针对合同阶段及支付进行对比和分析，进一步加强项目部成本管理。此外，还要严格分包单价测算，分包商选用应朝着公开化、市场化的方向发展，注意及时签订合同，并在合同中明确工程建设目标及管理办法。

劳务分包的推行是很有必要的，但是施工过程中会需要很多大型的机械和工具，这些机械和工具还要由主承包方管理，并对工程分包和租赁分包进行限制，不能进行"提点式"转包。这不仅对主承包方的管理非常有利，可以帮助其增强对项目的掌控，同时主承包方也更容易对分包价格进行控制，促进经济效益的提高。

分包方选择要公开，将"准入关"把好。发包方和主承包方都应按照相关法律要求，进一步明确分包商入场资质要求，建立起履约资信再审查等相关制度，在选定分包商时应体现市场化的特点，针对分包队伍安全上生产许可证、营业执照及税务登记证等进行审查，同时加强市场调查，针对分包队伍的人员组成、工作业绩及工作实力等情况进行详细调查，不可以采用那些拖欠工资、发生劳务纠纷的队伍。此外，各主承包方应建立起信息档案，并将履约过程中的资信再评价等相关工作做好，严谨使用已经列入"黑名单"的队伍。

建立规范有序的分包管理机制。主承包应该将相关法律及合同作为主要依据，中标之后及时编制出分包策划，对分包项目及模式进行确定，并制定出详细的分包计划，经承建方审批以后才能开始实施。主承包方应对相关约定及管理义务进行正确的履行，按照发包方的要求及工程特点加大人员投入，建立起有序的管理机制，将其发送给不同分包方，并要求各分包方建立起合理的办法与制度，切实履行相关监督及管理职责。主承包方可以从识别分包风险开始着手，制定出风险防范及控制预案，并对各项防范措施进行认真的落实，重视不同分包商履行合同的进展情况，并按照实际需要对风险控制预案进行落实。

建立健全考核及奖惩制度。发包方和监理方应针对各分包商人员设备投入建立台账，并按照合同要求督促承包商进行及时的调整，增加管理和技术人员的比例，保证履约的有效性。同时，还要针对承包商建立质量、安全及考核等台账，对相关数据进行及时地收集，并进行对比分析，及时清退"老大难"分包队伍，并将分包商履约过程中的相关管理工作做好。此外，主承包方还应有针对性地建立考核及奖惩制度，不能简单地将因为自身原因造成的亏损转加给各分包方，还要树立起示范队伍和先进典型，提高分包队伍履约的主动性，营造良好的竞争氛围。

综上所述，随着近年来我国水利水电工程项目管理水平的不断提高，工程分包管理获得了极大的进步，但是项目建设需要及经济发展上还存在很大差距，怎样对现有分包法律法规进行优化，切实改变分包商的经营理念，形成良好的竞争氛围，还需在未来的工作中进行不断的探索和研究。

第四节　水利水电工程施工管理中锚杆的锚固和安装

随着我国经济的发展，高楼大厦拔地而起，因此，一些隧道、边坡加固的工程也是越来越多，而水利水电工程的施工管理中，锚杆的锚固和安装，在施工过程中都有很大的作用，施工质量的好坏也将影响着整个工程。本节结合我国水利水电工程施工管理中对锚杆的锚固和安装进行分析总结，可供参考。

作为国家的基础设施，水利水电工程属于我国主要的发展项目，其中水利水电工程的施工也成了项目的核心问题，而水利水电工程的施工管理也成了整个项目完成的关键要素，所以在水利水电工程中，施工管理存在很多的特点：①其复杂的自然环境使其施工难度增加；②工程较大也会因时间问题受到市场经济的影响。由于外在因素过多，每个位置锚杆的锚固和安装在工程中就显得尤为重要，在水利水电工程中，因环境因素带来的风险最为常见，所以在对锚杆的锚固和安装上也要采取特别的方式。

一、 锚杆的选材

按照设计方案选取相对优质的材料，每一批材料都要进行检查，确保质量合格后才可以进行采购和施工。首先确定锚杆的类型，根据不同的环境使用的锚杆类型也是有所不同，比如明挖边坡，需采用水泥砂浆全长注浆的锚杆或者是水泥卷锚杆，用作永久性支护和对施工初期支护的锚杆，属于自进式锚杆；还有一种就是在地下洞室支护所使用的锚杆，是选取楔块或胀壳以及树脂等辅助物品进行两端的锚固，用于建筑施工临时性的支护，属于药卷锚杆。对于锚杆材料上的选材，要根据建筑的环境按照施工图纸上要求，选取建筑物所需要的材质，对其他辅助材料，如水泥、水泥砂浆、砂、树脂，还有一些外加剂都要进行严格地控制，在合格的前提下，必须按照图纸上对应的要求数量及比例进行融合，以此保证锚杆的锚固力和锚固效果。

二、 施工前准备

认真分析施工图纸，熟悉相关施工技术方案，在进行锚固前，准备好施工材料等相应设备，对安全设备等也要进行认真检查，有应对对突发状况的措施，根据现场的需要，设置一定的安全防护，让工作人员有一定的安全性，从而使工作有效地进行。现场对锚杆进行施工前，还会对锚杆进行试验工作：多准备几组砂浆配合比，进行分析实测，挑选出最合适比例的，根据现场的需求进行注浆，并对其养护，随后检验注浆的密实度。

当锚杆进行锚固时，要对周围的环境进行考察，对周边有碎石、边坡等情况进行安全处理，结合对周围环境的勘测判断周围的稳定状态，以便及时进行调整，避免有人在锚固和安装过程中受伤。不同类型的锚杆要求也不尽相同，会因周围环境等外在因素导致压力等技术参数的不同，因此，也要分别进行实测处理，根据检验报告采取合适的方法再进行施工。对于水利水电工程常用的砂浆锚杆，砂浆作为锚固剂，这种锚杆安装便捷，但要注意的是锚固力不是很强，所以在施钻时，一定要选用符合要求的钻头，钻孔点也要有明显的标志，以减少开孔位置上出现的偏差，应在锚杆孔的孔轴方向上。对于孔面的平行或垂直，对滑动面的倾斜角度图纸上都有一定要求，必选按要求执行，深度上也会有一定的数值，偏差率不能超过其规定范围内。钻孔结束后，对每一个钻孔都要进行认真的检查及处理，利用水或风力进行清洁，结束后对钻孔进行密封，在锚杆安装时，对钻孔再一次检查，确保其内部清洁。对于钻孔直径上的要求，要根据锚杆的直径进行划分，随着锚杆的直径越大钻孔口的直径相对变大，而钻头的直径还要大于钻孔的直径。

三、锚杆的安装

锚杆分为很多种，针对不同的锚杆，其安装方法也有不同。①胀壳式锚杆在安装前，需要对锚杆的临时构件进行锚固，以保证锲子能够正常滑行，在锚杆进入一定的深度时，及时的按照扭矩要求拧紧锚杆，而树脂卷端头锚固的锚杆，因为对树脂卷存放有要求，所以保存不当会影响树脂卷的使用。所有锚杆在安装前，先用杆体进行钻孔深度的测量，标记好相应位置，再用锚杆把树脂卷送到固定位置上，进行对树脂卷的搅拌，再加以安装。倒楔式锚固锚杆在安装前，为了防止安装时的脱落，必须打紧锚块，楔形块体也要在锚杆的三分之二处捆紧，安装完成后及时上好托板，拧紧螺帽。②就是楔缝式锚杆在安装过程中，一定要注意楔子不能够偏斜，完成后如倒楔式锚杆一样要及时上好托板，拧紧螺帽。在进行锚固时，锚杆孔的位置一定要准确，尽量零误差，若出现不可避免的误差，误差率要控制在一定的数值，孔的深度上要与锚杆长度一致，按照锚杆的长度进行打孔，打好后，将孔内的积水、碎石等物体处理干净，钻孔到需要深度时，用水或空气对孔进行清洁处理，并检查孔是否畅通。如需要木点柱打设，也要注意其工作间距和位置，并且在木点柱打设的位置选择上，也有一定的要求。在锚杆的注浆上，要按照一定量的配合比，在其规定的范围内进行注浆，如超过规定范围，浆液将失去本身的作用，需再重新调配浆液，然后根据插杆的先后顺序依次进行注浆，注意在其砂浆凝固前，不能对锚杆进行随意破坏。在角度方面，需根据锚杆的长度进行倾斜，锚杆插送的方向上也要与钻孔的方向相同，利用人工插送适当地进行旋转，插送的过程中，速度要有一定的控制，不能太快，要匀速缓慢地进行，无论是先注浆还是先插锚杆，在灌浆过程中，都要注意是否有浆液从锚杆附近流出，如有流浆情况，立即进行填堵，搅拌的浆液也必须在一定的时间里进行使用，如遇到灌浆中断情况，立即停止灌浆，按照最开始的进度进行处理，重新安装锚杆，最后采用锚固剂进行封孔。

四、锚杆的锚固

采用对锚杆的注浆方式进行锚固，首先就是要检查注浆的机器以及配件上是否准备完好，机器的运作上是否正常，进行注入的水泥砂浆或水泥浆的密度、湿度等是否符合锚杆的要求。利用水或者空气对钻孔进行清洁处理后，调节水和水泥浆水灰等的比例，而从机器中出来的砂浆，一定要均匀，保证没有粒砂或凝结块的出现。然后把锚杆和注浆管进行连接，向钻孔中进行灌注，一次性地完成，如果过程中出现注浆管被堵住，立即停止注浆，对注浆管进行清洗处理，关闭机器，待机器完全停止运转时，分开连接处，卸下各处接管，对钻孔进行重新清洁处理，再一次进行灌注。当对一根锚杆进行注浆完成后，立即对注浆管和锚杆进行分离，清洗接头，然后安装在下一根锚杆上，再持续进行注浆。在对钻孔进行灌浆的整个过程中，工作人员之间要有良好的配合，能够积极进行紧急处理，互相配合完成灌浆任务。在浆液凝固前，确保锚杆不被随意破坏。在锚杆用作支护时，控制少量的倾斜度，外漏的部分需要有东西来当作锚固的支撑。

五、注浆锚杆的质量检查

首先是锚杆材质上的检查，根据工程设计方案，在对锚杆的质量上，保证每条锚杆都是合格的产品，施工者要按照施工图纸上的材料进行采购，并让生产商提供质量合格证明，采取抽查方式，检测锚杆的质量。对注浆工艺上的检测，在进行钻孔灌浆前，寻找与现场使用锚杆直径、长度等相同的钢管或塑料管成本相对较低的物品，与现场注浆材料相同的砂浆采取相应比例进行拌制，按照现场灌浆的步骤进行实测，再用同样的方法养护观察一周，再进行观察其密度和锚固情况，对类型长度不同的锚杆分别进行实测，并将实验报告加以分析，采取最适合的灌浆方法进行实际施工。其次对钻孔的大小，也要选取合适的规格进行实测后方可进行施工，对锚杆长度、砂浆密度等要采取无损的检测方法，使其达到规定的范围内，最后进行锚固试验，观察其效果，使其最后拉力方向与锚杆轴线一致。

六、锚杆的验收

在对上述情况进行有效的测验、抽查后，工作人员每一项的实验记录和抽查结果都要进行记录，上交给监理人员，在监理人员进行核查后，方案可实行后签字并验收，才可以进行工程的实施。

在水利水电工程施工管理中，锚杆的锚固和安装都对工程有着很大的影响，锚杆和锚固安装的优良度对整个工程的完成有着很重要的保障作用。所以，无论是监理人员，还是工程承包人，都应该重视水利水电工程施工中的管理制度，重视锚杆的锚固和安装，在其质量上严格把关，若出现注浆等问题，及时采取相应的措施，严谨对待每一步注浆过程，工作人员也要有及时的应对措施，施工的水平和态度都是对工程质量的保证，端正态度，也是做好工程的重要步骤。

第十章 水利水电工程招投管理

第一节 水利水电工程招投标阶段出现的问题

近年来我国水利水电事业发展迅速，这在很大程度上提高了我国人民生活水平，水利水电工程建设下前期招投标管理工作非常重要，这对后面的施工建设有着一定的影响，但是从当前来看我国水利水电招投标在设计、施工技术、合同管理等方面还存在很多问题。本节主要从工程建设的角度出发，对水利水电工程招投标问题进行分析，并探讨具体的提升对策，希望通过本节论述能够进一步提高我国水利水电建设水平。

水利水电工程项目作为一项民生工程其主要由政府部门出资建设，为了更好地把控工程质量、节约投资成本，规范市场行为，积极开展工程招投标管理是不可缺少的一个环节，结合工程建设做好招投标管理，从中选择施工技术过硬、管理能力强、资金把控严格的施工企业，有助于工程项目建设的良性发展。针对当前水利水电工程招投标存在的各种问题，提出有效的解决措施，能够更好地推动水利水电事业的进步，这也是新时期工程项目建设的必经之路，有助于水利水电事业的规范化、科学化发展。

一、水利水电工程招投标造价控制存在的问题

存在违规操作现象。招投标是工程项目前期阶段的一项重要工作，也是市场公平竞争的一种手段，水利工程招投标设计流程较多，由于部分工作人员缺乏专业知识没有按照招投标管理规定进行现场工作，对于投标单位的审查不够严格，影响招投标的质量和效果。除此之外，部分人员为了一己私利还存在非法利益输送的行为，这种现象严重影响我国水利水电招投标的规范化管理，违规操作现象较多，不利于市场环境的健康发展，由于一些不合格企业的加入，也给工程项目建设增加了一丝风险。

标底编制不规范。水利水电工程具有很强的专业性，当前我国在这方面有着大量的人才缺口，特别是对于预算人员来讲，作为项目成本控制的第一步，由于预算人员专业技术不过关，没能按照规定要求进行标底编制，甚至还存在一些较为明显的计算偏差，这都给水利水电招投标以及后面的成本管理造成困扰。

明显违规插手招投标。工程项目建设单位对工程招投标有着一定的影响，甚至还存在违规

插手的行为，这种情况主要体现在建设单位以时间紧张为由，对工程项目建设招投标进行一定的干扰，以联席会议或者党内会议等形式选择建设单位，以这种方法规避招标过程，一些资质能力强的企业得不到施展，而一些不合格企业则有可能参与到中标中来，严重扰乱招投标市场秩序，最终给水利水电工程建设埋下隐患。

投标定标的过程管理不规范。随着水利水电事业的快速发展，越来越多企业栖身于中，由于投标企业缺乏相关经验与投标专业技术人才，无法对投标、竞标过程进行科学化的管理，这就导致投标文件编制不完善、标底不明确、投标细则不规范等现象，严重影响招投标的公平性与合理性。

投标定标的过程管理不规范。招投标管理是一个规范性、专业性的工作内容，在部分水利水电工程招标过程中招标单位不具备相应的资质与实践经验，在招标管理方面人员不足，无法按照招投标流程进行合理的工作。另外，在组建招投标评审人员、制定评标细则方面缺乏科学性，这也导致评标结果误差，甚至对后期工程建设产生影响。由于在投标文件编制中过于粗糙，存在很多问题，标底不准确现象随处可见，这不仅降低招投标的工作质量，还影响投标工作的公平性，甚至给一些不法人员提供空子，一些评标人员名单遭到泄露，从而导致评标过程中串标、围标等一系列不合规现象。

二、优化措施

加强制度建设，规范招投标运作。工程项目招投标是规范水利水电市场环境的基础依据，工程项目招投标过程中建设单位占据非常重要的位置，建设单位不规范、扰乱招投标工作的行为不在少数，为了避免这种行为的发生，有关单位应该维护和完善建筑单位市场行为，积极开展监督管理制度和管理责任制，保证水利水电招投标工作能够按照标准流程进行，避免出现未招标、层层转包、故意压低标底等行为，减少工程施工中出现成本控制不严、材料质量不过关的现象，对由此引起的质量问题进行严肃的处罚。另外，做好企业与税务部门、工商部门等各方面的联系，规范建筑市场环境、建立建设单位信誉名单，按照规定对企业不良行为进行惩处，并在网络上公示，以此提高建设单位的责任行为，推动水利水电事业的可持续发展。

实行水利建设项目法人责任制。工程项目建设前需要经过公平、合理的招投标过程，这已经形成建设行业的一种潜意识，为了保证招投标过程的有序进行，制定严格的管理机制是非常重要的，招标单位作为服务单位应该具备相应的资质，在工作中坚持法人责任制，明确其中的责任义务，在出现问题的时候能都第一时间找到责任人，坚持实行法人责任制，确保投资人与承包商之间保持良好的沟通和交流，为实现水利水电建设提供依据。

加大监管力度。为了进一步提高招投标工作的整体水平，各部门与有关单位应该加强监督管理，充分发挥内部监督与群众监督的作用，规范招投标流程，确保整个过程都能够处于公平公正的态度，严格按照投标流程进行相应工作，针对其中存在的违规操作与不合法行为根据法律法规与行业规章制度对当事人进行处理，禁止出现非法转包、违法分包等行为。

开展专家评审机制，保证公平、公正。评标工作时水利水电招投标必有得一项内容，这个环节对施工单位选择有着决定性影响，为了保证招投标的公平、科学应该重视评标工作，根据工程建设要求确保招投标的有序进行，开展专家评审机制，从技术上、制度上严格规范市场环境。首先，评标专家作为专业的人士应该具备一定的专业知识与工作经验，能够站在公平、公正的角度上去审视投标文件。为了保证这样实现的目标，开展评标专家考核机制与资质审定、培训工作，实现评标专家档案管理的信息化建设。结合实际情况与专业考核结果进行更换、补充等工作，确保平标专家的动态化管理，对于评标专家与投标单位存在利用关系的现象应该执行回避政策，相关人员禁止参与到工程评标环节。

施工建设单位应严格遵照招投标的流程办事。施工单位在参与投标过程中必须坚持按照招投标的流程进行，在接到招标邀请的第一时间施工单位应该对现场进行全面的勘察和分析，从多方面考虑水利水电施工中可能存在的问题，结合现场实际情况与招标文件进行对比，当存在问题时及时与建设单位进行沟通，当一切符合相关规定后编制投标文件，按照规定要求进行工程量清单的编制，采用合理的计价模式尽可能保证工程预算的准确性。工程项目中标后，施工单位应该根据自身投标文件内容与建设单位签订合同，并对工程质量、建设标准、工期进度、成本结算等方面进行详细的说明，按照合同内容进行后面的施工。

总而言之，水电工程建设是一项民生项目，在工程建设过程中不仅要关注设计的合理性与施工技术的应用和管理，还要重视前期招投标阶段施工单位的选择，结合工程项目具体情况做好招投标管理，选择高信誉、高技术的施工队伍，从而提高水利水电工程施工质量与工期进度。文章主要结合水利水电招投标存在的不合理行为进行分析，并结合实际情况提出有效的控制对策，希望通过规范招投标、严格监督执法能够打造良好的市场环境，推动水利水电工程的健康发展。

第二节　招投标在建筑工程经济管理中的重要性

招投标是建筑工程的一个重要环节，是衔接甲乙双方的一个重要节点，具有控制工程成本、督促企业提高服务质量等重要意义，但目前的建筑工程招投标市场中存在较多的问题，本节我们通过找出问题、分析问题并提出一定的解决措施，期望能对我国建筑交易市场旳正常运行提供一定的参考依据。

一、建筑工程招投标的定义

建筑工程招投标是指以建筑产品作为商品进行交换的一种交易形式，标的由招标单位进行设定，通过发布招标公告吸引若干个投标单位通过秘密的报价进行公平竞争，招标单位在规定时间内再按照正规程序通过开标、评标后从中选择符合的投标单位进行定标，最终签署合同，实现招投标的完成。

二、建筑工程招投标一般流程

招投标一般分为四个步骤：招标准备阶段、资格预审阶段、招标组织阶段、评定标及谈判签约阶段。招标准备阶段一般是发布招标文件介绍建筑项目的概况；资格预审阶段是筛选及一定的洽谈，挑选符合资格的投标单位进行投标；招标组织阶段是进行开标，开标主要是综合查看各投标公司投标资料。评定标则是在综合投标商的资格、报价、经验、实力等因素后进行选取中标单位进行定标，最终签署合作合同。

三、招投标在建筑工程中的案例解析

云南省洱源县西湖村生态移民搬迁安置项目（一期）——中登村安置区基础设施及公共服务设施（第一批）工程施工招标公告

2019年12月云南省洱源县发展和改革局、洱源县右所镇人民政府共同负责洱源县西湖村安置项目，由洱源县右所镇人民政府负责具体招标工作，建设资金来源于上级补助，在前期招标准备阶段首先进行了网上发布招标公告，介绍了项目的概况，包括项目建设地点、计划工期、质量要求、工程控制价格区间、招标规模、投标人资格要求及投标准备资料等。在投标结束后，对一些符合条件的投标单位进行了实地勘察和洽谈，接着县旅游局12月份在网上发布了开标公告，在弥渡县公共资源交易中心开标厅进行了开标，开标会结束，开标负责人将符合规定的投标文件送入评标室，由评标委员会商议后按照文件中规定的评标标准对投标文件进行评审，经过一段时间的评审工作后，最后在2020年1月选定中标单位，并在相关网站进行公示，最终获得前三名的三家公司成为中标候选人，在规定时间内经无异议的公示后，政府与这三家单位签署了合同。

此招标工作严格按照招标文件公正、公开、公平的进行，在网站公示相关招标流程和招标文件，有效防止串标等问题的产生，且评标方法较为公正合理，最后为所建设的工程选到了合适的建筑商。

四、目前建筑工程招投标中存在的一些问题

目前大型的建筑工程都是通过招投标进行选择施工单位的，但是在建筑工程招投标中同样暴露了很多的问题。

串通中标。建筑工程中出现违规招标常见的有串通中标，有两大类形式：①投标者与招标者串通投标，常见有建筑工程招标人将最终的标底故意泄露给工程投标人、投标者给招标者标外补偿或招标者给投标者标外偿金等；②投标者相互串通投标，常见有投标人间相互约定一致抬高（降低）投标报价、投标人之间约定在类似项目中轮流以高价位或低价位中标，这些不平

等竞争关系对于按照正常流程的投标单位来说显失公平。

非法转包现象严重。我国建筑法与招投标法中明确规定了不允许非法转包，很多投标单位在投标成功后，为谋取更多的经济利益，常常将可以分包的非主体工程甚至是主体工程直接分包出去，这样便增加了不具有资质的建筑商进行施工风险，从而导致工程质量下降。

评标方法缺乏科学性。现阶段的主要评标方法是：最低投标价法和综合评估法。综合评标法较适用于对技术和性能指标要求较高的建筑工程，但是目前的评标方法都缺乏足够的科学论证，依靠主观人为感受评判较多，有的侧重于价格评判、有的侧重于技术等，目前的多数招标企业只是单纯地从价格进行评判和定标，显失科学性。

五、建筑工程招投标存在问题对策建议

加大内部监督管理。针对招标方内部人员，建立招标人招标能力的审查制度并设立监督机制，对于无招标能力招标人应及时更换其他招标代理人进行招标，在招标程序环节，监督招标人按照流程办事。

加强投标单位的资格审查。在实际的招投标中，为了防止恶意串标行为的产生，在投标阶段严格审查投标者的资质、经验、口碑等，充分了解竞标单位管理水平与技术水平，在招标过程中设置工程造价预算的上下限，对于过高或者过低报价的单位筛除，从而减少招投标中的竞争风险。

建立健全评标标准和评标专家制度。由于目前的一些建筑工程招投标中评标存在不科学性，为了改善这一问题，我们首先应该建立规范的评标体系，应综合考虑报价、技术、资质、投标单位经验、投标单位建立时间、投标单位获奖情况等；其次，严格审核评标专家资质，综合评标体系动态管控各评标专家，这样才能防止不合理的评标结果出现。

健全风险控制机制。目前建筑工程市场上招投标中出现违规的情况较多，最严重的莫过于由于违规出现的工程质量问题，因为这种往往会关系到人们的生命安全，针对此类问题，政府相关部门应加快实现招标管理制度体系的健全完善，其次建立招投标违法乱纪惩罚制度，对于收贿受贿、串通竞标等违法行为给予一定的惩罚机制并进行社会公示，依次来规范建筑工程市场的行为。

六、招投标对于建筑工程经济管理中的重要性

有利于规范市场行为。由于目前建筑工程中存在串标行为，通过规范的招投标方式，可以有效降低内部交易的出现，避免出现"关系户"的情况，为招标企业真正找到合适的投标商。

有效控制工程成本。在建筑工程中若是指定一家施工方做，则经济成本上很难控制，而通过正规的招投标，存在有序的市场竞争，可以通过竞争了解市场价格，综合考虑多方面因素后，有利于选出报价最合适的企业，从而控制招标企业经济成本。

有利于保证工程质量。招投标中会收到很多投标企业的资质和信息，招标单位能更广泛且

能更好的选出最专业、最适合的投标单位，这样有利于保证工程的质量。

招投标对于建筑工程具有十分重要的意义，由上述案例及相关分析可见，招投标在建筑工程经济管理中占据十分重要的地位，但是目前建筑工程招投标市场中，存在较多问题，我们只有通过不断的规范企业、规范市场、规范招标企业内部制度、健全风险控制机制等方法才能营造出科学的招投标市场，建立良性的建筑市场。希望此文章能对建筑市场的招投标有一定的参考作用，使建筑市场的招投标工作向着更加科学、更加有序的方向发展。

第三节　水利水电工程设计管理监督

从国家实施改革开放的时候开始，我国的基本设施建设就开始推行：项目法人责任制、招投标制、项目监理制和合同管理制等四种制度，但在勘测设计工程项目中，这四种制度就显得十分滞后。全方位的实施设计管理监督是不断促使项目法人责任制的重要性措施，对于很好把握工程设计质量、施工进展情况和施工费用有着非常关键的意义。文章针对水利水电工程设计管理监督进行相关论述，希望能够对同行业有一定的参考性价值。

在 20 世纪 80 年代初期，我国基本设施建设进行了大范围的革新，逐渐从计划经济向市场经济转变，发展到目前为止，我国在水利水电工程等基本工程基本项目中大部分都采用了"四制"。最终的成果证明，科学合理的采用"四制"可以在当前的市场经济大环境下行之有效的保证工程施工质量、施工进展情况，更好地把握工程具体投资问题，为此，对水利水电工程中的设计管理监督进行深入探究是非常必要的。

需要指出的问题是目前有的工程基本建设勘察设计在实施"四制"后仍然显得比较落后，最为明显的是勘查设计方面的招投标等体制没有完全的开展起来，究其原因主要存在 3 方面的问题：第一，我国大多数勘测设计部门最早都是以行业来划分单位的，从而进行条块的分割式经管。在计划经济过程中，勘测设计的主要工作通常都是由上一级主管部门下达。目前，勘测设计已开始从事业单位向企业单位转变，但并不能真正脱离上级部门的指导。第二，我国大部分基本工程设施建设都是由国家投资进行建立的，必须经国家相关部门批准、审核后，才能进行施工创建。不少大型工程中，勘测设计企业会比业主更先介入工程。第三，目前，我国的勘察设计市场相关法律法规及有关制度非常不完善，即使于 1983 年颁布了《勘查设计合同管理条例》，但是由于我国现有的勘测设计市场发展不完善，相关的勘测设计规范、收费方式、资质管理等规定和条例现存很多与目前经济市场不协调等诸多问题的存在，导致我国的一些基本建设工程特别是大型的工程勘测设计招投标有较长的一段路要走。

一、目前水利水电工程设计状况

水利水电工程明显特点。水利水电工程是影响国计民生的重大问题，它通常是由国家进行直接性投资。一般状况下，水利水电工程规模具有大规模、大投资、长工期的特征，工程具体方案的设定和开展必然会受到很多自然因素的影响，在此其中，像移民这一类社会性因素对水利水电工程造成的影响是很大的。

水利水电工程发展的历史背景。我国水利水电工程中，工程设计与具体的运行经管都统一归属水利能源部门，在这一过程中，各个省市都归水利水电勘测设计院统一领导，以顺利地进行本地区的水利水电工程设计、工程勘测等工作，进而就逐渐发展成了目前我国水利水电工程设计条块儿分割管理的状况。

水利水电工程相关企业若想在很长的一段时间内进行有关材料的搜集，上交归属单位开展统一化管理，往往会导致搜集到的材料在很长的时期内由该地区管理部门或者受勘测设计院所掌握，以此将会导致勘测设计部门对水利水电工程设计形成一定程度的垄断，这对工程设计工作的顺利开展是十分不利的。

在我国水利水电工程中，通常情况下，工程方与设计单位处于比较落后的状态，因工程设计单位在早之前就掌握到了工程相关材料，为此，不能够自行的进行勘测设计投标，只能够依靠现有的设计企业对工程开展相关设计，同时针对所签署的设计合同进行合同化经管。

二、水利水电工程需实施科学的设计管理监督

水利水电工程中，工程设计是整个工程的躯体和灵魂，工程设计水平如何将直接影响着今后工程的使用、效益及能否安全正常运作，所以，针对工程设计进行科学的设计管理及监督是从真正意义上完善工程项目的科学有效性举措，是定期内完成高质量工程必不可少的关键性举措。

工程设计管理监督的含义。在计划经济时期，水利水电工程设计方案是由勘测设计院所设计的，同时需要通过水利水电设计总院进行严格的审查，这就是经常所讲到的，主管部门对下属设计企业进行的管理监督，同时，工程设计中相关费用的具体规划也是由规划设计总院来下达的。

当下，开展的水利水电项目法人责任制通常是由项目法人全面承担的工程资金筹集、工程建设经管，同时对于社会各界开展行之有效的调节等，可以看出，项目法人需对勘测设计的有关工作进行统一的管理，以保证工程前期设计可以在规定的时间内达到要求的设计水平，这样有助于水利水电工程在招投标阶段和工程施工阶段的相关准求。为此，项目法人需要凭借外部的力量对工程设计开展科学合理的监督管理及有效性掌控，以便于促使工程设计能够达到工程各方面的准求。

现阶段我国工程管理的形式。最近几年，我国水利水电工程项目法人一般都是凭借外来的专业人士或者企业来对工程设计实施管理监督的，现阶段我国水利水电工程管理的形式有2种：一种是业主自行管理形式。工程设计最初阶段已通过国家有关部门的审查，工程设计管理是由业主自身设计部门来签署相关合同，从而开展工程质量、具体进展情况及工程费用管理。与此

同时，从外面邀请专家对工程设计成果进行审查，以便于保证设计成果的综合质量。第二种是工程前期设计监理形式。工程前期阶段的设计会邀请具备一定水平的设计机构对工程设计合同进行科学的管理，同时对设计水平、工程具体情况和费用等问题进行行之有效的科学性掌控，因专业的设计机构自身具备大量、专业的工程设计人员，担负着工程设计成果的审查责任，相关监理工作者能够对工程整体设计进行有效的管理监督，能够对设计方案有一个较为全面的把握。

工程设计、施工管理监督。水利水电工程设计管理监督通常是业主依赖于有关合同来委托有关监管部门对工程设计进行科学严密的监管及掌控的，在此过程中，针对业主和设计机构相互间的关系进行协调，共同将工程设计工作做好。

水利水电工程的总体质量将直接关乎着工程的最终成败，对于水利水电工程设计的科学管理监督将是大中型水利水电项目工程中一项十分关键性的工作，因水利水电工程自身的独特特征，促使水利水电工程设计工作变得比较复杂。从目前我国水利水电工程设计来看，仍然有许多问题是需要专业设计人员进行深入探究和不断探索的。

水利水电工程实施科学有效的设计管理监督是一项必不可少的重要举措，它能够有效地促使业主对工程勘测设计质量、设计进展情况和工程设计费用等重要问题开展及时科学的控制，唯有如此，才能够更好地去贯彻。总而言之，在水利水电工程中进行行之有效的设计管理监督是非常必要的，其能够很好地推动业主有效地对工程设计质量、设计进度和设计费用开展行之有效的严格掌控，同时对工程设计水平进行准确的评估和把关。水利水电工程设计管理监督将直接影响整个工程的总体质量及建设之后的使用情况，所以，水利水电工程设计管理监督是一个需要不断深入探究的重要性课题。

第四节　水电工程施工项目的工程变更管理

在竞争激烈的工程招投标市场环境中，施工企业很难以较高的投标报价中标，往往是通过微利甚至成本价中标。在物价持续上涨、施工行业产能相对过剩的大背景下，低价中标会使企业经营压力增大，风险不断攀升。如何才能在当前的市场环境中改善困局，提升效益，让施工企业得以生存和发展呢？实践证明：仅仅靠常规的经营管理工作已经很难满足要求，必须追求一种边际效益。工程变更便是有效的手段之一，要在工程变更中寻求经营突破，实现盈利。结合工程实际，对施工项目工程变更管理进行了浅析。

所谓工程变更，是指在工程项目实施过程中，按照合同约定的程序，监理人根据工程需要，下达指令对招标文件中的原设计或经监理人批准的施工方案进行的在材料、工艺、功能、功效、尺寸、技术指标、工程数量及施工方法等任一方面的改变。因此，工程变更是一项系统性的工作，包含工程地质、水文、合同、市场价格、法律、保险等工程建设过程中的各个方面。若要保证施工项目的最终变更效果，需要结合工程实际，对合同条件进行系统分析，预判工程进展、有利因素与不利因素、工程变更机会等，对存在变更可能的项目进行总体策划，理清变更思路，从长计议，通过高效履约与业主建立良好的关系，在施工过程中有意识地促成变更事件按照事先预定的、有利于承包商的方向发展。

一、未雨绸缪，认真研究、分析合同，挖掘、发现变更的机会，形成变更策划战略

分析合同，对比条件变化，把握变更方向。从工程变更的定义可以看出：变更是相对于合同而言的，是基于合同变化比较的结果。因此，若要做好变更策划，就必须深入研究合同，分析合同条件、施工图纸、现场实际情况的变化，了解工程的功能和设计意图，挖掘、发现变更的机会，提出初步的工程变更设想。

结合招投标文件及现场实际情况，认真研究并分析合同。对比现场实际情况及发包人提供的条件，初步判断哪些部位、哪些项目将来可能会变更，哪些地方存在有利变更的机会。

对施工图进行全面核实，计算设计工程量。安排测量人员对现场原始地貌进行测量，结合现场情况计算实际工程量，分析设计工程量与现场实际工程量可能存在的差异与变化。

分析合同单价，以单价中漏项或价格较低的项目作为分析对象，为单价较低的项目想办法。结合合同条件，预判通过结构、施工方法、施工工艺流程等变更达到合同单价变更的可能性有多大。

了解各方关注的问题，定位变更性质。按照工程建设过程中参建各方的工作任务、目的及关心的问题，对工程变更意向进行以下分类。业主原因变更：工程规模、使用功能、工艺流程、质量标准的变化，以及工期改变等合同内容的调整；设计原因变更：设计错漏、设计调整，自然因素（地质条件变化）及其他因素而进行的设计改变等，监理原因变更：监理工程师出于工程协调和对工程目标控制的考虑而提出的施工工艺、施工顺序变更；施工原因变更：因施工质量或安全需要变更施工方法、作业顺序和施工工艺等。通过分类，定位变更性质，寻找变更突破口。

通过以上对比分析，重点抓住施工条件变化、工程量变化、合同单价劣势项目，形成工程变更策划任务清单，最终形成思路统一、目标明确、措施得当的工程变更策划方案，以此来指导对具体部位、具体项目的变更工作。

二、运用策划思路，灵活使用工程变更战术

以良好的履约为工程变更创造条件。市场经济的一个显著特征就是以契约为基础的信用经济。在目前的工程建设市场环境下，施工单位处于建筑行业产业链的末端，在工程变更中的话语权相对较低。若要改变这一现状，必须通过良好的合同履约，以工程进度、质量、安全目标按期实现来打动业主，赢得投资人的信任，为变更方案的实施创造条件。

以业主对投资的关切为突破，主动寻求变更。在一个项目施工过程中，由于工程地质、水

文地质条件等因素的影响，设计深度往往受到限制，不可能将所有的未知因素考虑得面面俱到，因此，也就给项目变更有可乘之机。施工项目管理团队在充分认识、了解项目设计深度和设计意图后，根据自身经验，分析并抓住业主关心和急于解决的问题，以利于工程功能、利于工期、利于其他业主关切为由，提出工程变更，在满足业主需要的同时，实现变更增效的目的。

如某水电工程，在设计出具的施工蓝图中，规划有一个面积约 3 万 m² 的露天堆料场。在工程开工前，通过设计图纸进行分析，发现按照设计图纸完成开挖后，将在其外侧靠坝顶公路位置形成一个孤立的小山体（土石方量约 28 万 m³），不但影响整个堆料场的有效使用面积，同时还存在滑坡、滚石等安全隐患。孤立小山体内部设计有排水洞，外部坡表有锚杆、喷支护等措施以防止山体滑移，施工难度较大，为此，项目部提出对孤立小山体进行挖除的变更建议。其挖除的理由包括：一是出于工程安全考虑，剩余孤立小山体在大面开挖震动后，很难保证山体稳定，存在滑坡等安全隐患；二是整体挖除后可以加大堆料场的面积（在此之前业主四处寻找堆料场地）；三是出于施工进度考虑，在小山体中开挖排水洞施工难度较大，与大面一次挖除，可以降低施工难度，节约工期；四是挖除小山体增加的投资额很小，仅增加约 60 万元（按设计蓝图施工支护及排水洞原投资费用约为 331 万元，挖除发生的工程费用约为 391 万元）。以上几点理由博得了业主、设计的认可，最终同意通过设计变更，将小山体挖除。

值得一提的是，合同中土石方开挖单价利润空间较大，且增加了 28 万 m³ 的开挖量，增加了施工方的规模效益，而边坡喷锚支护以及排水洞施工单价较低，若按照原设计方案施工，不但施工成本较高、施工难度大、工期长，而且还存在工程安全隐患，挖除小山体的建议方案既解决了业主堆料场地不足的燃眉之急，降低了安全风险，同时变更价格又利于施工单位。

以工期为筹码，促进变更方案的落地。项目管理团队要对施工项目可能存在的变化方案与业主关注的重心结合起来，从整体上把握项目施工方案变化趋势，进而提出施工方案变更，使其在施工过程中的不同阶段，沿着承包商预期的目标和方向变化。

例如，某水电工程排水洞洞挖断面约 24 m²，共 4 条，总体洞挖长度为 6 320 m，其中最长的一条排水洞为 2 130 m，通风散烟困难，又是施工工期上的关键线路，在投标阶段，排水洞的通风方案为轴流式通风机长距离送风。工程开工前，项目部通过对合同条件、施工图纸及现场的实际情况深入了解后发现，该排水洞由于洞身长，开挖坡度向上，施工期间若采用轴流通风机直接排烟，不但施工成本高，而且会由于通风散烟时间长而影响施工进度。因此，项目部拟定对该通风散烟方案进行变更。

通过查阅排水洞设计图纸发现，在排水洞靠洞长方向大约的中心位置正好处于两个山谷的谷底相对开阔地段，在该部位，排水洞洞顶与地面的厚度约为 47 m，若在此部位采用反井钻机打一个垂直通风井，既可以解决排水洞的施工通风散烟问题，又增加了施工作业面，进而解决了工期问题。在充分论证后，经过与设计、业主的沟通，变更方案得以实施。通过对比，采用通风竖井散烟方案比原轴流风机通风散烟方案仅开挖期间的电费即可节约 20 万元，工期可以缩短 45 d。对于业主而言，可能增加了少量的投资，但其最关心的工期问题得以解决，故业主同意变更。

拓展思路，变换视角解决工程变更。在工程变更处理过程中，由于掌握信息的局限性，往往都会遇到"山重水复疑无路"的局面，在此情形下，一定要集思广益，拓展思路，换个角度看问题便会取得更好的效果。

某水电工程项目在施工过程中，业主将拱桥结构的缆机基础采用合同新增变更项目的方式交由施工单位实施，在变更报价时，施工单位通过对合同变更报价原则及定额水平进行分析，发现采用公路定额报价要高于其他定额，但一直无法找到采用公路定额报价合适的理由来说服业主。正当大家在准备放弃采用公路定额报价的时候，无意间发现缆机基础拱桥设计蓝图是使用公路规范设计的，于是，施工单位果断决定，采用公路定额进行报价，并以规范不同定额是以规范为基础编制的为由，成功地获得了业主单位的变更批复。

三、总结经验，形成案例库

经验来自于实践活动。当一个施工项目完工后，要对工程变更的成败进行总结，形成变更经验的沉淀，促进施工企业工程变更管理水平的不断提升。实践证明，通过总结活动，既能使总结者充实感性知识，对工程变更思路进行重新认识并开阔视野，又能让好的经验、做法得以传承，形成企业的管理文化。

对比变更策划，总结成败。项目完工后，通过对工程变更最终实施效果与变更策划的对比，审视变更策划的落实情况，分析差异产生的原因，同时将总结经验成果向市场营销团队反馈以促进市场营销与工程变更管理有机结合的良性循环。

形成工程变更案例库。对有代表性的典型工程变更，按照一定的格式，通过定性定量分析，整理变更思路、总结经验，通过资料收集，形成典型工程变更案例分析库。

工程变更是项目建设过程中的一个重要环节，施工单位在处理工程变更时，首先要结合项目的特点、合同条件，抓住本质，做好工程变更的谋篇布局，以各方关切为重点寻求主动变更机会。其次，要抓住项目实施过程中的关键环节，拓宽思路，促使变更策划内容落地，改善外部经营环境。最后，总结经验、吸取教训，形成典型工程变更案例库，形成信息反馈机制，助推项目整体经营质量的提升，改善不利的经营困局。

第十一章　水利水电工程档案管理

第一节　水利水电工程档案管理的创新

一直以来，我国人们的生活质量深受水利水电工程的影响，水利水电工程在整个社会发展过程中起着极为重要的作用，在水利水电工程项目进行过程中，水利水电工程需要对很多档案进行整理和归档，包括工程运行前期起草的基础文件、合同协议、图纸、工程报告、前期文件材料等。在未来水利水电工程的实施过程中，水利水电工程档案管理水平对其能够产生极为重要的影响作用。因此，本节对水利水电工程档案管理的创新进行深入研究，具有重要意义。

水利水电工程具有两种特点，第一，具有基础性；第二具有非常强的服务性。随着社会的不断发展和进步，在水利水电工程档案管理方面也引入了很多科学技术，不断进行创新性发展，由此产生很多不同的管理模式，不过要想对水利水电工程档案管理方法进行有效创新，一定要将现时代的科学技术作为重要发展基础，根据实际工作需求和工作情况，制定出和水利水电工程最为合适的档案管理方法，这样才能够有效提高水利水电工程档案管理的创新性，便于水利水电工程档案的有效管理。

一直以来，各种类型的工程档案管理部门均会及时进行自我加强和提高，由此可知水利水电工程档案管理具有极为重要的价值。只有对水利水电工程档案管理工作进行及时创新，才能够保证水利水电工程对我国社会市场经济进行有效适应，能够对当今社会主义制度的信息化发展步伐进行及时跟踪，做到与时俱进。在进行水利水电工程档案管理过程中，档案管理人员一定要不断持续进行深入研究，充分发挥自身的创新精神，勇于创新，大胆进行实践，这样才能够制定出合理、科学的水利水电工程档案管理制度和档案管理体系。

对具有创新精神的创新人才进行积极吸纳。水利水电工程档案管理机构要想创新管理水利水电工程的档案资源，应对具有创新精神的创新人才进行积极吸纳，因为在电子化档案资源、信息化档案资源实现过程中，具有创新精神的创新人才起着极为重要的促进作用。创新性人才能够将信息进行精准录入相关系统中，能够有效安全地将有关电子信息安全纳入水利水电工程档案管理部门中。因为不同单位的档案管理人员的特性是不一样的，同时具有不同的个人特征，因此一定要为水利水电工程档案管理人员创造一个良好的工作环境，促使水利水电工程档案管理人员能够更好进行自我行为的管束，对档案管理部门的工作质量、工作效率能够进行有效提高，这样才能够对水利水电工程档案管理工作人员的自身特长进行不断提升，对其自身潜质起到极大的鼓励作用。

对水利水电工程档案资源服务思路进行有效创新。为有效创新水利水电工程档案资源服务思路，一定要对工作人员的服务理念进行创新，树立以人为本，服务至上的服务理念，将其作为最为基本的工作素质，这样才能够使大众管理要求、需求者的个人需求得到充分满足，同时在这种发展背景下，服务质量也应能够作为一项能够进行量化的考核标准。另外，需要对水利水电工程档案管理工作人员的服务内容进行有效创新。和高校文献资料相比，档案馆的藏书内容并不是非常丰富，且没有非常齐全的文献资料，不过水利水电工程档案资料的整理却有很多不同方面的优点，包括信息化、规范化、系统化等，进而能够促使水利水电工程档案资料的利用率变得更为高效，同时能够准确、快速、高效得想施工单位提供有关资料。

管理模式的实践探究。一般来说，水利水电工程档案管理部门常常是本工程中的一个资料室或者科室，并不是一个独立的部门，寄存和整理水利水电工程资料，向有关工作人员提高需要的资料，即为水利水电工程档案管理部门的主要工作内容。尽管这种水利水电工程档案管理模式是比较适用的，不过在现时代中这种管理模式的运行并不是非常顺畅，随着信息化服务的不断深入，水利水电工程管理工人员不断意识到档案管理的重要性，及时创新水利水电工程档案管理部门是当前的第一重任。基于此，我们应对高校中的改革经验进行借鉴和学习，分离独立档案管理部门的档案，将其向其他有关部门进行有效转移，以便档案所属部门能够对本单位的档案进行直接接管，采用以上档案管理模式，不但能够促使水利水电工程档案管理机构由被动转变为主动，同时还能够保证水利水电工程管理档案工作的顺利进行，有效提高档案管理的效率。

在我国社会发展过程中，水利水电工程是一项非常重要的基础性工程。因此我们一定要高度重视水利水电工程的管理工作，尤其是档案管理工作。只有不断创新水利水电工程档案管理工作，促使档案管理部门能够对现时代的市场经济进行有效适应，在水利水电工档案管理工作中充分运用信息化技术，便于水利水电工程建设的顺利进行，这样才能够将水利水电工程做得更好。

第二节　基于科学性的水利水电工程档案管理

近年来，我国水利水电事业得到快速发展，形成了大量的水利水电档案资料，因此必须进一步提升档案管理的科学性，确保为水利水电事业的发展提供一些帮助。科学的水利水电档案管理需实现全面化、精细化与信息化，提升水利水电档案管理的质量与效率，促进我国水利水电行业的可持续发展。本节重点就水利水电工程档案管理的科学性进行了分析研究。

在水利水电行业的发展中，需要确保勘察设计工作的真实性与精准性，提升档案管理的合理性与科学性，能促进水利水电企业工作开展的有序性。今年来，我国对水利水电档案管理的重要性认识程度越来越高，也在水利水电企业的发展中发挥着重要作用。本节在科学性的基础上，对水利水电档案管理进行分析，希望为实现我国水利水电行业的健康发展提供一些参考意见。

一、把握水利水电档案的形成与特征

水利水电档案在每个阶段都有自身的特征，因此在提高水利水电档案管理质量与效率时，要对其特征进行合理地把握，从而提升其档案管理质量与效率，促进水利水电企业的发展。在传统的水利水电档案管理工作中，档案管理工作效率较为低下，并且基本都是依靠人工进行操作的，但是在现代信息技术与计算机技术的快速发展下，水利水电档案管理工作发生了很大变革，信息化程度更高，使得档案管理的准确度也有所提升。

同时，水利水电档案管理与不同部门之间的联系在日益加深，这就使得在对档案管理工作进行科学管理时，需要建立在一个系统的基础上，对各个环节的内容进行合理分析，从而提升水利水电档案管理的质量与效率。因此，在基于科学性的水利水电档案管理中，要档案管理工作的特征进行细致的研究与掌握，确保工作的有序进行，水利水电档案具有以下几个方面的特征：第一，工程前期文件形成的档案文件数量巨大；第二，专业性的工程图纸与方案较多；第三各种合同、协议类的档案众多；第四，档案较为零碎庞杂。

第一，水利水电工程在建设过程中由于工程量巨大，建设过程存在很多不确定性，比如，人员的流动、成本的变化、施工周期的变化等，这些因素都会对档案管理工作形成极大影响。档案管理人员在对资料收集过程中存在收集范围广、数量多与资料细碎的问题，并且在对其进行整理过程中难度也在不断增加。很多水利水电企业在工程建设过程中，尚未配备专业的档案管理人员，使得档案管理工作无法有效地满足水利水电企业的实际发展需求。

第二，未能认识到档案管理工作的重要性。目前，很多水利水电企业在工程建设过程中尚未认识到档案管理工作的重要性，造成档案管理工作在企业工程建设中的作用不是很大。企业将注意力与精力放在资金管理，工程建设质量的控制等方面，但是在进行档案管理工作时，投入的经费、人力与物理无法满足档案工作的实际开展需求，造成档案管理工作严重滞后于水利水电企业的发展。同时，也对档案管理人员的培训力度不足，造成很多管理人员的专业素养、职业素养降低，使得档案管理质量与效率不高。

第三，水利水电档案管理的信息化程度较低。目前水利水电档案工作的开展由于受到各种因素的限制，造成档案资料的收集、分析综合效率较低，这是由于在日常工作开展过程中信息化水平较低，并且在日常管理中对先进技术的应用水平较低，对水利水电档案管理工作的有序开展造成了很大阻碍。

第四，档案管理人员的综合素养有待提升。工作人员的综合素养会对工作的开展造成极大影响，但是很多水利水电企业的档案管理人员并非专职人员构成，这就使得档案管理人员的专业性不足，对档案管理工作的有序开展造成极大影响。在档案管理工作中一旦发生一些突发情况，由于管理人员的工作经验不够丰富，对档案管理过程中出现的临时事物处理造成一定难度，同时，管理人员的综合素养较低，也会在日常工作中造成很多问题，比如，管理混乱与材料丢失的情况较为严重。

二、基于科学性的水利水电档案管理

扎实基础管理工作。水利水电档案管理工作较为琐碎，需要管理人员具备良好的专业素养与职业素养，档案管理工作开展的前提就需要管理人员夯实基础工作，提升档案管理工作的质量与效率。在科学性的基础上，档案管理人员需采取科学的管理标准与流程执行工作，并且要将纸质档案与电子档案合理结合，不断提升档案的收集、整理、分析与存储效果，促进水利水电档案管理的现代化、信息化，减少对资源的浪费现象，所以档案管理人员要对纸质档案进行适当地减少，除非万不得已，否则必须首先进行电子档案管理。

提升档案管理的信息化水平。目前，水利水电档案管理工作与企业一样需要进行改革与创新，加快现代化、信息化的革新步伐，实现新时期档案管理工作的新风貌，所以，水利水电档案管理部门要积极建立起档案网络管理平台，将传统的纸质档案进行数字化处理，存储到数据库中，通过对数据信息的整理与归类，在网络共享平台上实现资源共享，让有需求的工作人员登录账后选择自己需要的内容。同时，由于数据库的存储空间大、利用率较高、对能源的消耗较低，更有利于实现档案管理的信息化与现代化，从而为水利水电行业的现代化发展打下坚实基础。

提升水利水电档案管理的规范性。水利水电档案管理人员在对档案进行管理过程中，一定要遵循国家相关法律法规与企业的规章制度，提升档案在收集、分析与存储过程中的科学性与严格性，确保档案的完整与真实。同时，要严格落实档案使用签字制度，在使用档案过程中，必须对借阅者与管理者的名字进行签署，减少档案发生遗漏的情况，确保档案管理工作的有序进行。只有在规范的管理下，才能确保档案管理工作的科学、合理进行，实现档案管理工作的高效性。

提升档案信息资源整合水平。科学的档案管理十分重要的一个步骤就是对信息资源的合理整合，确保符合社会的发展与企业的实际需求。在现代信息技术与科学技术的应用下，档案管理工作的专业程度越来越高，科学化、现代化的管理方式在不断融入档案管理工作中。企业要在档案管理过程中要加强与不同部门之间的沟通联系，确保信息资源收集的完整性，同时也要将收集到的信息资源进行细致的整理与分析，在众多的信息资源中找到有价值的信息，并将其与互联网进行合理结合，方便人们对档案资料的查阅与使用，提升档案资源的综合利用率，为水利水电企业的发展提供有效的支持。

创新服务机制。档案管理工作十分重要的一个遵旨就是服务遵旨，所以档案管理部门在发展过程中，要不断提升服务意识与水平。档案管理人员是档案管理工作的核心，所以服务功能的体现就要求管理人员创新服务机制，拓宽服务范围，提升档案管理工作的科学性。同时，也要不断提升归档力度，创新服务内容与方式，降低搜索界面的操作难度。创新服务机制的践行需要工作人员服务意识的提升，这样才能有效地推进服务机制的落实。最后，一定要对档案数据库的使用权限进行严格规定，保证让开放的部门与人员有资格对这些数据库进行使用，这样才能保证档案资源的安全。

加强人才队伍建设。人才是保障水利水电档案管理科学性的重要保证，也是实现档案管理现代化的动力源泉，所以企业要加强高端档案管理人员的招聘，确保档案管理工作的有序进行，同时也要完善管理方案，制定现代化的人才培养机制，确保档案管理人员的综合素养得以提升，并掌握熟练的操作技能。加强工作人员之间的交流力度，让档案管理人员在交流过程中对存在的问题进行合理地解决，不断优化管理方式与内容，提升档案管理质量与效率，为水利水电行业的现代化发展提供科学的参考意见。

水利水电档案管理工作在水利水电企业中发挥着重要作用，有助于提升企业的档案管理水平，促进水利水电企业的现代化发展。所以，水利水电企业要基于科学性，通过扎实基础管理工作，提升档案管理的信息化水平、水利水电档案管理的规范性档案信息资源整合水平，创新服务机制与加强人才队伍建设等多种途径，不断提升水利水电档案管理的科学水平。

第三节　水利工程建设项目档案监督管理

"十二五"期间，随着我国社会经济的持续发展，广东省水利工程建设项目数量、规模和投资逐年增加，水利工程建设项目得到有效管理，项目档案在社会经济发展中起着重要的作用。项目档案按照项目规模和建设单位隶属关系实行分级监督管理，为此，通过总结"十二五"期间广东省水利厅负责省重点水利工程建设项目档案监督管理工作情况，提出存在问题和解决措施建议，以供广东省水利工程建设项目档案管理工作参考，更好地推进广东省水利工程项目档案规范化管理。

一、水利工程建设项目档案监督管理职责

按照广东省机构编制委员会办公室文件《关于省水利厅所属事业单位分类改革方案的函》和广东省水利厅文件《关于广东省水利厅政务服务中心主要职责人员编制和内设机构的批复》，广东省水利厅政务服务中心（以下简称厅政务中心）职能之一是具体承担厅水利档案管理工作，主要职责是负责厅机关综合档案管理工作，指导和督查厅直属单位和全省水利系统的档案管理工作，参与省重点建设项目的水利工程的档案专项验收工作。按照广东省水利厅《关于进一步加强水利工程建设项目档案管理工作的通知》（粤水政务函〔2015〕941 号）要求，厅政务中心负责由省主持新建大型水利工程、省直管的水利工程的竣工验收的省重点水利工程建设项目档案监督检查和指导工作，其它各级水行政主管部门档案管理职能单位负责其分级管理权限的

项目档案监督、检查和指导工作负责其分级管理权限的项目档案监督、检查和指导工作。

二、水利工程建设项目档案监督管理方式

转发、报送省、部有关档案文件，指导市县水务局开展其管辖内的省重点水利工程项目档案监督管理工作，每年举办 1 期水利工程建设项目档案培训班。

填写广东省重点建设项目档案管理登记表备案。每年根据广东省发展和改革委员会下达广东省重点建设项目计划的通知和省档案局、省重点项目工作领导小组办公室《关于加强广东省重大建设项目档案工作监管的通知》，要求重点建设项目管理单位填报《广东省重点建设项目档案管理登记表》，报厅政务中心和省档案局（其中省水利厅审批初步设计的水利工程建设项目则报当地市档案局）各 1 份。

坚持每年组织对省重点水利工程建设项目档案现场监督检查。

①检查组人员组成。邀请省档案局经济科技档案业务指导处专家，以及厅档案专项工作小组成员和档案科同志，组成检查小组。②检查内容：

按照水利部《关于印发水利工程建设项目档案管理规定的通知》要求，检查项目档案管理组织机构、制度建设、贯彻落实档案工作法规标准的情况，以及档案收集整理情况和存在问题，按照省档案局、省水利厅、省发展和改革委员会联合转发《国家档案局、水利部、国家能源局〈水利水电工程移民档案管理办法〉的通知》要求，检查移民档案收集整理情况。

③现场检查程序：

听取建设单位项目档案工作情况汇报；实地查验，抽查案卷，查看佐证材料；征求主管部门和档案行政管理部门的意见；与参建单位相关人员座谈交流；检查组反馈检查意见；相关单位部门回应检查组反馈检查意见。

④建立广东省水利重大建设项目档案工作跟踪管理台账。为加强省重点水利工程建设项目档案管理，做好监督检查和指导工作，建立广东省重点水利工程建设项目档案工作跟踪管理台账，具体包括项目名称、规模、投资、建设年限、联系人、联系电话、跟踪管理记录（包括每次现场检查时间、人员、上一次检查后落实情况、本次检查情况及意见等）。

建立水利系统档案工作联系人制度和建立共享平台 QQ 群，及时了解全省水利系统各单位的档案工作情况、工程建设项目档案管理情况，传达省部级来文要求，督办相关事项，解释档案政策法规和档案工作要求，解答工作中的疑难问题，交流工作经验，促进基层单位档案工作和水利工程建设项目档案工作开展，共同提高工作效率和档案质量，同时起到了间接督查指导的作用。

三、水利工程建设项目档案监督管理成效

项目建设单位对工程项目档案管理工作比较重视，认真贯彻落实水利部、国家和省档案局有关水利工程建设项目档案工作的法规和标准，坚持"档案不合格，工程不验收"的基本原则，

采取健全管理机构，落实工作责任，建立档案工作管理网络和档案管理制度，加强督导检查、强化学习培训等有效措施，推动水利工程建设项目档案的规范化管理，取得良好成效。

目标明确成果显著。广东省水利厅"十二五"期间共完成了北江大堤加固达标工程（干堤和遥堤部分）、东江水利枢纽工程、潮州供水枢纽工程、湾头水利枢纽工程等4个省重点水利工程建设项目的档案专项验收工作，其中：北江大堤加固达标工程（干堤和遥堤部分）、潮州供水枢纽工程、湾头水利枢纽工程等3个项目档案评定为优秀等级，分别荣获2010年、2012年和2014年"广东省重大建设项目档案金册奖"（以下简称"金册奖"）；东江水利枢纽工程项目档案评定为良好等级。

案例1：厅政务中心连续4 a 对仁化县湾头水利枢纽工程进行检查指导，敦促该项目档案工作履行领导负责制，确定负责项目档案工作的领导和部门，明确各部门和有关人员的职责，并采取有效的考核措施，取得了良好的成效。2013年11月26日通过了省档案局组织的移民档案验收，2014年4月23日通过了省档案局组织的工程项目档案专项验收，评定分为96.5，等级为优秀；荣获"广东省城乡水利防灾减灾工程建设精品工程"和2014年度"广东省重大建设项目档案金册奖"。仁化县湾头水利枢纽工程档案验收意见：领导重视，目标明确，同步管理；收集齐全，整理规范，手续完备；建设单位重视项目档案工作，工程建设伊始，就提出档案工作争创"金册奖"的目标，成立了档案工作领导小组，明确分管领导和专兼职档案人员，建立了包括各个参建单位在内的工程档案管理网络；建立健全档案管理制度；定期开展对各参建单位的档案工作检查，发现问题及时督促整改；建设单位根据工程建设进度分阶段通过计划、会议、合同等落实各参建单位有关的项目各类文件材料归档进度，保证了项目档案工作与工程建设的同步开展。

全力以赴争先创优。目前，在建或已完工的省重点水利工程建设项目档案工作按照"金册奖"标准正在有序开展工作或准备项目档案专项验收。

案例2：广东省河口水利工程实验室建设工程，工程规模为大型，设计概算总投资19 276.54万元，建设工期3 a，2014年3月10日开工建设。建设单位广东省水利水电科学研究院领导高度重视，坚持统一领导、分级管理的原则，成立工程建设办公室负责该项目建设工作，按照重大建设项目档案的管理要求和争创"广东省重大建设项目档案金册奖"的档案工作目标，结合工程实际情况，印发了《广东省河口水利工程实验室建设工程档案管理办法》，由工程建设办公室与工程勘测设计、检测、监理及施工单位等成员组建成立了档案工作领导小组，负责该项目文件材料的形成、积累和整理、立卷、归档等工作。广东省水利水电科学研究院档案管理部门科技情报中心定期对项目档案资料的收集、整理、组卷等进行督导检查，2年内共计9次，发现问题及时督促整改，不断改进和完善推进项目档案工作；厅政务中心与省档案局于2015年5月13日现场检查该项目档案，通过听取汇报、察看工程现场、查阅档案实体等形式，对项目档案管理工作的进展情况进行了全面了解，并与建设单位、参建单位的项目负责人和档案人员进行座谈，相互交换意见，对建设单位和参建单位档案管理工作给予了肯定，对存在的问题提出了具体要求和建议。2016年3月16日再次对该项目档案现场检查，截至当日，工程建设进度质量安全达到了预期目标，完成工程总投资约 72%，项目档案与工程建设同步，档案资料收集齐全，整理规范，手续完备，案卷质量好，基本达到了同步管理和规范管理要求。

学习交流共同提高。2015 年 12 月 8 日，厅政务中心在韶关市组织召开 2015 年度厅直系统档案工作暨省重点水利工程建设项目档案工作会议，会上厅直属单位和 11 个省重点水利工程建设项目建设单位分别就 2015 年度档案工作情况及 2016 年工作计划交流发言；通报了 2015 年度厅直属单位档案工作评估情况以及我厅负责工程验收的省重点水利工程档案工作监督检查情况；组织参会人员参观了仁化县湾头水利枢纽工程现场、档案库房和实体档案，听取了韶关市水务局该项目档案监督指导和仁化县湾头水利枢纽工程管理局项目档案管理工作的经验介绍；相互交流工作经验。参会的厅直属单位、省重点水利工程建设单位分管档案工作的领导及档案员纷纷表示收获很大，有利于指导和做好项目档案工作。

四、存在的问题

由于水利工程建设项目具有投资大、周期长、环节多、参建方多、内外协作关系复杂等特点，因此，从"十二五"期间督导检查的情况来看，主要存在以下问题：

个别单位领导重视不够，职责不够明确。同步归档意识不强，存在重项目建设、轻档案管理的现象，只注重工程进度，而忽视了各环节档案的收集整理工作，导致项目档案工作明显滞后于项目建设工作，例如个别水利工程，主体工程已完工多年，但档案仍未达到验收条件，特别是附属工程档案滞后，同时，对档案行政管理部门的监督指导的重要性及必要性认识不足，造成职责不明确。

规章制度不健全，档案人员素质偏低。个别单位虽然建立了相应的管理制度，但没有形成有效的管理和监管机制，特别是参建单位未能及时健全、完善或落实档案管理制度，导致档案工作无法正常开展。此外，个别档案人员未经过专业培训，对工程实施过程不够了解，导致材料收集不齐全；部分工程技术人员档案意识不够强，影响归档材料的准确性、质量和进度。

管理体系不完善，缺乏约束机制。大型水利工程的征地移民工作通常由地方政府移民办负责，涉及的实施部门众多，由于缺乏沟通配合以及有效的控制档案质量的约束机制，造成归档渠道不畅通，导致档案管理工作脱节或者滞后，严重影响了整个工程档案工作的进度。

注重外在规范，轻视内在质量。个别单位只重视归档文件的收集整理，按照规范分门别类、装订成册，而忽略了工程档案文件材料形成过程的内在质量，即资料是否符合技术规程规范的要求，是否符合逻辑关系，是否真实、完整、准确、系统，是否隐含争议纠纷的因素等。

五、整改意见

切实加强领导，明确各方职责。项目建设单位和各参建单位要充分认识到做好水利工程建设项目档案工作重要性和必要性，切实加强对项目档案工作的领导，进一步明确各方职责，认真落实岗位责任制，建立健全档案管理制度，把档案管理工作目标分解细化，层层加以落实。

　　健全完善制度，建立长效机制。项目建设单位要根据不同时期、不同要求，修订和完善水利工程建设项目档案管理制度，并及时下发到各参建单位，做到职责分明，保证从工程前期到竣工验收的档案资料收集齐全、整理规范、安全保管，同时，联合监理单位定期对档案工作进行阶段性检查。

　　加强沟通协调，确保同步管理。项目建设单位要加强与各参建单位的信息沟通，尽早明确工作要求，及时掌握项目档案工作开展情况，确保档案工作与工程建设同步开展，同时，抓好项目档案的监督检查，及时反馈意见，督促整改落实。建设单位和各参建单位要虚心接受上级行政主管部门、相关监管部门和档案行政管理部门等各部门的监督检查和指导，改进完善档案工作。

　　加强培训交流，提高业务素质。从事水利工程建设项目档案工作的人员，不仅要懂档案专业知识，还要懂水利专业知识。工程技术管理人员要重视项目档案工作，了解掌握档案管理工作业务理论和知识技能。因此，各单位要重视现有人员的培训和继续教育，支持档案人员和技术人员参加各类专题培训班的学习，坚持持证上岗；积极组织参观学习和交流，提高实操能力和档案案卷质量努力造就一批具有现代管理知识、掌握档案科学技术的专业人才。

　　每年组织召开全省重点水利工程建设项目档案经验交流会，以点带面，比学赶帮，积极推进水利工程建设项目档案的规范化管理，不断提升档案管理水平。

　　项目建设单位要建立督办机制，进一步落实责任，切实履行对工程建设项目档案监督、检查和指导职能，制定进度目标，实现节点控制，定期召开工作例会，通报工作落实情况，加强项目档案的同步管理。同时，附属工程或征地移民等的实施和档案应与主体工程同步，达到整体项目档案专项验收的目标。

　　项目建设单位要主动与当地档案行政主管部门联系沟通，汇报工程项目档案进展情况，争取得到他们的关心和帮助，及时解决存在问题，推动项目档案管理工作顺利开展。

　　严格按照《关于加强广东省重大建设项目档案工作监管的通知》要求，与档案行政主管部门对每一项目现场监督检查后，印发《重大建设项目档案检查整改通知书》一式3份，档案行政主管部门、水行政主管部门和建设单位各1份。

　　项目建设单位应在项目完工后的规定期限内申请项目档案专项验收，必须坚持"未经档案验收或档案验收不合格的项目，不得进行或通过项目的竣工验收"的原则。档案专项验收后，项目档案验收综合评分（≥95分）达到优秀且"案卷质量"单项总分不低于57分的省以上重大建设项目，积极申报"金册奖"。对于2015年起的新开工项目，按照2015年6月9日广东省档案局《关于加强广东省重大建设项目档案工作监管的通知》（粤档发〔2015〕61号）规定，必须满足以下条件才可申报"金册奖"：①重大建设项目档案工作与项目建设同步开展，②重大建设项目档案专项验收在项目试运行（生产）之后两年内完成，③重大建设项目档案信息化能达到实际应用程度。

第四节　水利水电工程施工安全管理导则的应用

《水利水电工程施工安全管理导则》SL721-2015 是《中华人民共和国安全生产法》延伸和细化，是水利行业相关安全生产法规、规章和技术标准的完善和补充，充分体现了"安全第一，预防为主，综合治理"的安全管理方针，是规范水利水电工程施工安全管理行为，指导施工安全管理活动的法宝，填补了水利水电工程安全生产档案管理的不足。各参建单位只要严格按照《导则》的要求进行施工安全管理，一定能提高施工安全管理水平。

一、总则

安全生产工作，是保障人民群众生命和财产安全，促进经济社会持续健康发展的前提和保证。为贯彻"安全第一，预防为主，综合治理"的安全管理方针，规范水利水电工程施工安全管理行为，指导施工安全管理活动，提高施工安全管理水平，水利部于 2015 年 7 月 31 日批准发布《水利水电工程施工安全管理导则》SL721-2015（以下简称导则），并于 2015 年 10 月 31日实施。

二、主要内容

《导则》共 14 章 5 个附录（含 84 个施工安全管理常用表格）。主要包括：明确了水利水电工程施工安全管理的定义，规定了相关术语的解释，细化分解在水利水电工程安全生产管理活动中安全生产目标管理、安全生产管理机构和职责、安全生产管理制度、安全生产费用管理、安全技术措施和专项施工方案、安全生产教育培训、设施设备安全管理、作业安全管理、生产安全事故隐患排查治理与重大危险源管理、职业卫生与环境保护、应急管理、安全生产档案管理等内容。

三、条文说明

《导则》明确了水利水电工程施工安全管理的定义及使用范围，规定了安全生产的方针和原则，强化了水利水电工程施工安全管理的总体要求。从建立安全生产管理体系，制定安全生产目标及管理制度，落实安全生产责任制，保障安全生产投入，加强安全教育培训，到作业安全管理、应急管理及安全生产档案管理等方面都有明确的条款及标准。

安全生产目标管理。目标管理是安全生产管理的重要环节，是安全生产管理的核心和动力。《导则》从目标制定、目标实施、目标考核等三个方面进行规定和指导，使安全生产目标管理工作有章可循，有据可查，从而促进和保障安全生产目标管理工作。

安全生产管理机构和职责。《导则》分别制定了项目法人的安全生产管理机构和职责；施工单位的安全生产管理机构和职责；监理单位的安全生产管理职责及其他参建单位的安全生产管理职责；明确了安全生产责任制，各参建单位均应建立健全安全生产责任制，落实所有岗位、人员的责任。

安全生产管理制度。管理制度是防火墙、是催化剂，科学合理的安全生产管理制度是落实安全生产管理责任，完成安全生产管理目标的关键环节。《导则》从安全生产管理制度的建立和安全生产管理制度的检查落实两个方面进行要求和规定，明确了项目法人应建立但不限于所列出的 14 项安全生产管理制度；监理单位应建立但不限于所列出的 7 项安全生产管理制度；施工单位应建立但不限于所列出的 21 项安全生产管理制度，同时对安全生产管理制度内容提出明确要求，至少应包含工作内容、责任人（部门）的职责与权限、基本的工作程序及标准。提出对管理制度进行动态管理，各参建单位可根据实际情况进行补充和完善，既有明确的标准和内容，又可适量增减、补充完善。《导则》应用起来操作灵活、使用方便，严肃而不失灵活，庄严而不呆板。

安全生产费用管理。落实安全生产费用的提取和使用，是确保安全生产管理工作正常开展的前提和条件。《导则》明确了安全生产费用的计取及安全生产费用的使用办法，明确规定落实安全生产费用，应从前期到施工各阶段都要有保证措施，同时要求项目法人在与施工单位签订的施工合同中应明确安全生产所需费用、使用要求、调整方式等。为进一步保障安全生产费用管理有章可循，有法可依，要求项目法人和施工单位应制定安全生产费用管理制度，为安全生产管理的费用支出提供了法律支撑和制度保障。

安全技术措施和专项施工方案。为保证安全技术措施的可靠性，《导则》规定监理单位应对安全技术措施和专项施工方案进行审核。为加强对专项施工方案的施工监督，《导则》规定监理单位应进行旁站监理，施工单位应指定专人现场管理。总监理工程师和施工单位技术负责人应定期进行巡查。详细措施和办法《导则》从施工安全技术管理、安全技术措施、专项施工方案、消防安全技术措施、度汛安全管理和安全技术交底等六个方面进行了规定。

安全生产教育培训。全体参建人员接受安全生产教育培训，是保证安全生产管理工作有效开展，让安全生产管理行为更加成熟的重要环节，安全生产教育培训是扬声器，是播种机。为保证安全生产教育培训工作的落实，《导则》规定了安全生产管理人员的教育培训和其他从业人员的安全生产教育培训两方面的内容，明确了教育培训的对象与内容、组织与管理、检查考核等要求。

设施设备安全管理。施工现场设施设备很多，也是施工现场安全管理的重点。为保证设施设备的生产安全，《导则》从基础管理和运行管理两个方面规定了设施设备安全管理制度，明确了安全管理制度的内容。要求特种设备进场或安装完成后，投入使用前，应按规定进行检验、登记；特种作业人员进场时，要履行相应的验证程序。

作业安全管理。《导则》涵盖了施工现场管理、安全防护设施管理和作业行为管理三个方面的内容，对施工现场的管理人员和施工现场作业人员的作业行为提出了具体的安全管理要求。

生产安全事故隐患排查治理与重大危险源管理。安全隐患排查制度是安全生产管理的一项重要制度，各参建单位都应建立安全隐患排查制度，落实责任制。《导则》制定了生产安全事故隐患排查、生产安全事故隐患治理、重大危险源辨识与评价、重大危险源监控和管理的各项原则及办法。

职业卫生与环境保护。《导则》对职业卫生和环境保护提出了明确要求，对施工单位应提供的符合从业人员职业健康要求的工作环境和条件提出了具体要求，明确了施工单位应承担的环境保护责任。

应急管理。《导则》规定了应急救援预案和专项应急预案的具体要求及生产安全事故应急处置指挥机构的主要职责；规定了生产安全事故报告的程序、时间要求及主要内容；明确了生产安全事故处置程序及办法。

安全生产档案管理。安全生产档案资料的整理和管理是水利水电工程安全生产管理工作的薄弱环节。为规范各参建单位施工安全生产档案，《导则》编制了施工安全管理常用表格（84个），制定了项目法人、监理单位和施工单位的安全生产档案目录，使各参建单位的安全生产档案资料有了规范化、系统化的标准和要求。

四、推广和应用

水利水电工程多为线形工程，施工现场情况复杂，时间、空间跨度大，投入的设备及人员多，危险因素及安全隐患多，安全生产管理难度大，发生安全生产事故造成的损失及社会影响大。近年来，国家及水利行业出台的一系列安全生产配套法规、规章和技术标准，对保障水利水电工程建设安全生产发挥了重要作用，但这些法规、规章和技术标准条文性、原则性很强，可操作性较弱。尤其是安全生产档案管理方面，长期以来，水利水电工程安全生产档案管理相当薄弱，很多项目的安全生产档案资料少，且不规范，不同的项目及参建单位安全生档案资料各不相同，这种情形与水利行业安全生产管理的要求很不适应、不协调。

《水利水电工程施工安全管理导则》SL721—2015正是在这样的背景下发布实施的。《导则》是规范水利水电工程施工安全管理行为，指导施工安全管理活动的法宝，填补了水利水电工程安全生产档案管理的缺陷和不足。各级水行政主管部门要加强《导则》的宣贯，积极推广和应用，参建单位只要严格按照《导则》要求进行施工安全管理，一定能提高水利水电工程施工安全管理水平。

第五节　水利工程竣工验收中的档案管理

水利水电工程与国计民生直接相关，是国家建设的重点项目之一，在社会发展中承担着重要的社会责任。在水利工程施工中，竣工验收是工程单位全面考核工程项目、检验工程施工质量的重要工作，基于这种重要性，它的档案管理工作也就必须以重点对待，水利工程档案是整个工程施工信息的记录文件，可以反映出整个施工管理的原始信息，尤其是在当前形势下，做好这方面工作势在必行。本节就从管理角度入手，分析了水利水电工程竣工验收阶段的档案管理工作。

在现代水利工程施工管理中，施工档案管理是重要的一项内容，它是对施工整体概况进行记录和反映的信息资料，涉及工程规划、设计、施工以及竣工等多个环节。随着国家对水利工程事业的关注度不断提升，水利水电工程的施工强度和施工任务量也逐渐增多，那么要想在有限的施工期限内高质量完成施工任务，就势必会导致在后期竣工验收中档案管理出现滞后性，进而影响到对工程质量的总体检验和管理，因此，对于工程单位来说，就必须要根据实际状况，切实做好竣工验收中的档案管理工作，使其作用最大化发挥。

一、水利工程竣工验收中的档案管理范围

工程建设管理方面。在建设项目初期阶段需要对包括法人组织机构设置、建设管理制度、开工报告以及投资计划等在内的文件信息进行收集；在施工方案设计阶段，需要对设计的报告、审查批复文件以及安全鉴定资料等进行收集；在施工合同的档案收集中，需要包含有施工设计、施工监理以及施工质量检测等文件信息；在工程招投标阶段则要对招标文件、招标公告、中标通知书以及履约保函等文件进行收集整理；最后在财务档案管理工作中，还需要对财务与会计管理资料以及竣工决算报告等资料进行收集整合。

工程建设监理方面。在这一阶段，工程单位需要收集的资料信息包括有施工监理计划、监理实施制度、项目划分以及会议纪要等等，而在施工监理的现场工作资料收集中，还要对监理现场测量、旁站记录、监理日志以及监理月报等信息文件进行收集整理。

工程建设施工方面。在这一阶段，需要对施工组织设计、施工进度计划以及安全生产方面等的文件进行收集，而对于施工材料和中间产品资料，就要对它的出厂合格证、试验检测报告单等证明性文件进行收集。此外，作为水利工程建设中不可缺失的重要组成部分——机电设备，对于其的信息收集主要是机电设备的出厂资料、安装调试以及性能鉴定等方面的资料进行收集，以掌握机电设备的真实信息。对于施工过程中的细节性工程，需要注重资料收集的全面性，包括施工日志、原始断面测量、现场记录等等原始性文件，同时也要包含有隐蔽验收、开仓证以及施工操作中所涉及声音、图像等资料。

二、水利工程竣工验收中档案管理的现状分析

首先，大多数情况下，由于水利水电工程的施工所涉及的细节性内容较多，在施工中需要对各个环节进行严格监管，这就使得它的建设周期比较长，加上工程项目是否立项开工建设以及不同施工阶段是由不同的单位来负责完成的，这样就直接导致了工程管理中一些资料信息难以第一时间归档，从而导致了竣工档案的不完整，也就成了工程竣工验收阶段中档案管理急需解决的一个问题。

其次，工程档案是对工程整个施工过程中所产生的各种信息和资料进行归纳和记录的一种文件，具有非常高的保存保管价值，基于这方面，在施工中的不同时期、不同单位以及人员的流动变化情况下，所形成的工程档案信息不完整，很难实现系统的衔接，进而使得档案收集的资料和之前所累积的原始记录、检测数据不完整，难以真实反映出工程施工的真实情况，进而导致后期施工质量检验难以顺利开展。

第三，在工程施工建设中，由于各种因素的影响，导致建设中的变更文件难以及时处理，对于规划、环保、移民以及设计等过程中的变更情况，需要第一时间在相对应的档案卷中给予记录和体现，也可以是在之前原有的案卷资料基础上进行显著的标注，也可以是重新出版一份新的变更版本，对旧的案卷起到更新替换的作用。

第四，部分水利工程施工由于施工期限的限制，它的方案设计和施工活动是同时进行的，这样所造成的直接后果就是导致施工图纸难以及时进行归档处理，甚至是忽略了这方面的档案整理，从而导致档案资料归档的不完整，严重的话还会导致档案资料的丢失，很大一方面原因就是因为管理人员难以实现对各个建设过程的总体掌握。

第五，在档案归档过程中，还需要对档案资料的完整性进行严格检查，当前这方面存在的一个问题就是档案资料的签字缺失，没有加盖公共印章等问题，甚至于直接采用复印品来代替原有的档案资料，这样就会导致无用档案的积压占用空间，而且也难以直接销毁，造成工程质量检验工作陷入困境。

三、完善竣工验收中档案管理工作的对策

首先，作为档案管理的主体——档案管理工作人员来说，就需要将档案管理工作作为重点对待，在不断提高档案知识积累的同时还要进一步加大对水电专业知识的学习力度，对于不同专业、不同工程在不同时期内所需要的产品有准确了解，这样可以在对工程各个阶段的施工资料信息进行收集时，不会有较大的阻碍。

其次，水利工程项目在立项开始时，就需要融入档案管理，也就是说在整个水利工程中都要做好档案收集和管理工作，并且不能中途停止，在立项阶段进行档案管理可以起到一种事前指导的作用，从工程项目一开始就将档案整理进行规范，并贯彻权责制，将档案收集和管理的责任细化到每一个工作人员身上，这样可以给管理人员、设计人员以及施工人员对各种档案的整理要求有所了解，从而促进档案归档的顺利无误，与此同时，还需要对档案资料进行检查，确保其完整真实，不存在遗失遗漏。

第三，对水利水电工程项目竣工文件的收集范围进一步明确，依据制度规定对施工的设计方、监理方以及施工方等的责任予以强化和落实，始终坚持权责制，在项目建设前期阶段所产生的各种资料信息要由负责建设的单位负责，而工程的勘测和设计资料则是由设计单位全权负责，施工中各种机电设备、线路管道以及仪表等的安装要由施工单位来负责，这样各方责任的明确可以保证档案管理工作的有效开展，避免了档案归档的遗漏问题发生。

第四，对于档案管理人员来说，也要不断强化自身业务素质，在接收工程资料时要加大检查力度，严格控制，一方面要保证项目文件资料的完整无误、真实有效，另一方面还要确保相关责任人签字、三级校审签字的完整，其中所附加的图表文件也要清晰无误，记录准确，如果存在有电子版的话，还要保证电子版和纸质版的相一致。

第五，档案管理人员在加强工作宣传时，还可以根据水利工程施工的实际将其和经济利益相挂钩，这样可以起到强化其重要性的作用，从而使各个部门作为重要工作对待，也就确保了档案归档率，有利于档案管理工作质量的提高。

水利水电工程是关系国计民生的重要基础性项目，加强它的施工管理就必须要将竣工验收的档案管理作为重点来抓，针对当前这方面工作所存在的问题，需要工程单位结合自身实际，强化各个环节的档案归档管理，从而提高档案的真实性和完整性，确保水利工程施工质量良好。

第六节　水利工程技术资料收集整编与档案管理

工程资料收集整编作为整个水利技术档案管理工作的主体，成了水利技术档案的形成、利用与管理的基础。水利工程的建设过程中有诸多的建设环节项目需要进行档案记录，主要包括水利工程的建设项目的提出、建设项目的立项与审批、水利工程地质勘探、工程设计、施工、施工监理、竣工验收记录以及运营过程记录等。针对水利技术档案的管理以及工程在建设过程中其资料的收集整编，更好地实现正规化、标准化管理，进行了实践总结。水利技术档案是水利工程管理、运行、维修养护等技术工作决策、设计的重要依据，对于水利工程的安全运行和充分发挥效益至关重要。

一、水利工程资料的收集整编

水利工程资料收集整编的意义。水利工程资料是指在水利工程建设管理工作中直接形成的、有保存价值的各种表格、文字、图纸、图片、报告等不同形式与载体的各种记录，是对工程项目进行稽查、审计、监督、管理、验收及运行、维护、改造的需要依据。工程资料的整编是工程师对工程建设管理的重要组成部分，工程资料的整编水平体现了工程师对工程建设的管理水平，规范齐全的竣工资料来之于规范的建设管理和严格的质量控制。

水利工程建设一般要历时半年以上，工程师在保存好原有资料的同时，还要不断地对新资料进行整理存档，而且各种表格、检验报告如果保存不好，很容易丢失、污损、造成不必要的损失。

水利工程资料整编的措施：

建立合理的编码程序。合理的编码程度是水利工程资料建立和管理的基础，为资料的整理与查阅带来极大的方便，可根据不同的类别，建立相应的数据库。

资料编码分为：a. 工程开工建设资料；b. 工程建设及施工技术资料；c. 工程鉴定检测资料；d. 工程验收报告资料；e. 工程验收质量评定资料。

其中：a. 工程开工建设资料分为：①可研、初设、地勘、批复计划等有关文件资料；②工程招标文件等资料；③承发包、设计、施工、监理等各种合同书资料；④监督、质量保证、项目划分等有关批准资料；⑤其它资料。b. 工程建设及施工技术资料分为：①会议记录资料；②监理资料；③施工图纸、变更、技术说明、图纸会审、通知及审批等资料；④施工组织设计、方案、日记、往来函件及检查处理等资料；⑤运用、度汛、调度方案等资料。c. 工程鉴定检测资格分为：①设备产品说明、调试、鉴定及试运行等资料；②施工测量、测试及各种观测记录；③各种原材料构件质量鉴定、检查、检测试验资料；④各种试验报告单；⑤其它相关检测资料。d. 工程验收报告资料：①建设、监理、设计、管理、运行、报告等资料；②竣工决算、竣工审计、竣工自查等报告资料；③其他有关资料；④竣工图纸；⑤工程照片。e. 工程验收质量评定资料：①隐蔽工程验收记录资料；②单元工程质量评定资料；③分部工程质量评定资料；④单位工程质量核定资料；⑤其他有关资料。

建立资料库。对工程建设的各种资料进行分类，存入相关的资料库中，按照工程进度不断增加新的内容，这样，即快捷方便，又保证了资料的真实，完整。

根据不同的资料形式建立不同的资料库（分类）：a. 对工程建设中的评定表格、检验表格、施工日志等各种资料，可直接建立保存到相应的资料文夹。b. 对于照片、图纸、摄像等资料可通过数码相机、扫描仪、数码摄像机传入计算机，存入相应的资料库。c. 对于工程文件，如：工程建设的有关单位批文、工程批复文件、征地用地批文等，用扫描仪可对文件原件进行扫描，存入相应的文件夹中。

为了做好资料的管理，首先要根据编码程序进行资料目录编写，以超链接方式进行分类和目录及子目录的查找。

资料库的管理。首先要对当天的评定、检验表格等有关资料及时归档，分类做好登记和链接。同时，要对资料及时备份，防止丢失，另外，要做好计算机防病毒工作，将计算机保持在实时监控状态。

二、水利档案管理工作的重要性

水利工程档案是历史的记录，是水利科技档案的重要组成部分，它来源泉于工程建设全过程，不仅在建设过程中具有重要作用（质量评定、事故原因分、资料作用的发挥。所以水利部领导曾经强调，水利工程"五不验收"中，就包括"档案不合格不验收"。因此，对每一个工程项目不管是建设法人的甲方，承建项目的乙方以及设计、监理等任何一个单位，对工程设计、报批立项、建设与竣工的全过程、务须高度重视各个阶段的档案资料的原始记录、保存与管理。加强工程档案管理，是加强工程建设与管理工作的重要内容，是人们认识和把握客观规律的重要依据。借助档案，我们能够更好地了解过去，把握现在，预见未来。可见档案管理工作的重要性与责任。

如何做好水利技术档案管理工作。水利技术档案是水利技术管理工作的依据，是水利建设活动的凭据，也是水利技术交流的重要工作，它产生于整个基本建设全过程，包括从工程项目提出、可行性研究、设计、决策、招（投）标、施工、质检、监理到竣工验收、试运行（使用）等全过程中形成的、应当归档保存的文字、图纸、图表、声像、计算材料等不同形式与载体的各种历史记录。因此实现水利工程档案工作规范化、现代化的管理，将成为水利档案工作者当前和今后相当长时期内面临的重大课题，是我国工程档案工作的发展方向和必然趋势。

水利工程技术档案管理工作，关键要注意其完整性、准确性、系统性。一般来说，水利技术档案文件归档应从项目的立项、可行性研究、初步设计阶段、施工图设计阶段施工建设阶段、竣工验收入阶段及与项目建设有关的批复文件，参考资料等方面着手。对一些中小型水利工程，可在工程结束后，一次收集整理归档，而对于大型水利工程，由于规模大，投资大，周期长，就应该按可研前期准备，设计、施工和竣工验收等几个时期进行同步归档整理。

水利技术档案管理的标准化：

工作的标准化。首先应确定积累、立卷、归档等各环节的技术标准。其次建立标准的技术档案工作程序图，具体列出与各部门之间的关系及工作的周转运行图等等，使其达到程序化。

管理制度标准化。从水利工程建设的批复文件及勘探、设计资料的形成、积累、分类归档、打印、发放、回收等到技术档案的整理、鉴定、保管、利用及档案人员岗位制度等都要有统一的标准，而且要形成文件，用制度固定下来。

水利工程资料的收集整编对于水利工程的建设管理发挥着重要的作用，因此，水利工程单位资料收集整编人员应当努力做到资料收集整编的全面性、系统性、科学性与准确性，以保证资料档案本身的科学规范，为水利工程建设管理提供优质资料服务。为此，水利工程资料收集整编人员应当深刻认识到资料整编的重要意义，在工作过程中掌握科学正确的资料收集整理方法，并且提高资料收集整编的职业素质，注重在工作中积累总结经验，全面提升水利工程档案质量。

第七节　水利水电档案管理工作的标准化问题

水利水电档案管理是水利工程管理工作中的重要组成部分，它能保证水利水电管理工作的质量。在水利水电的档案管理工作中，工作效率受很多因素的影响，所以在实际的档案管理工作中容易出现问题。本节主要分析了我国水利水电档案管理工作的主要问题，提出了提高水利水电档案管理工作效率的几点措施，为我国水利水电档案管理工作提供参考。

在我国实际的水利水电档案管理工作中，工作效率受很多因素的影响，比如工作人员的专业水平，管理人员对档案管理工作的重视程度、档案的信息化建设情况以及档案管理制度的完善程度和落实程度等，应准确分析我国水利水电档案管理工作中存在的问题，制定合理的解决措施，才能从根本上提高水利水电档案管理工作效率，促进水利水电企业的发展。

一、我国水利水电档案管理工作中存在的问题

（一）工作人员的整体素质不高

任何工作的最终执行者都是人，所以人的素质影响水利水电档案管理工作的效果。一些水利水电企业对档案管理工作的重视程度不够，甚至一些企业并不设立档案管理专职人员，档案管理工作人员多由其他部门调动过来，他们并没有足够的档案管理专业知识，对档案管理工作的相关经验也不足，进行档案管理工作时，一旦出现问题，则不能采取及时有效的措施进行补救，造成水利水电档案管理工作经常出现问题，影响水利水电企业的整体发展。

（二）档案管理制度不完善

我国水利水电企业中的档案管理工作开始于 20 世纪 80 年代，起步较晚，相关工作经验积累不足。虽然在水利工程发展过程中，水利水电相关部门以及国家先后制定了很多管理制度，但是一直处于"出现问题再制定相应制度"的状态，不能根据时代的发展规律制定计划性的水利水电档案管理制度，不完善的管理制度不能满足水利水电档案管理工作的发展需要，是水利水电企业档案管理工作存在的主要问题之一。

（三）档案管理的信息化建设不先进

水利水电工程建设项目受地理环境、项目规模以及工程性质的影响，所以产生的档案资料也各不相同，其他企业的信息化档案资料管理模式不适用于水利施工企业的档案管理工作，所以水利水电企业需要根据自身的施工特点开发出一套属于自己企业的档案管理软件，但是目前我国水利水电施工企业并没有一套完善的信息化档案管理模式，如果根据实际需要进行档案管理软件的开发，则需要大量的资金支持，这种现象导致了我国目前档案管理的信息化建设不超前，现代信息技术不能有效地提高档案管理的工作效率，制约着我国水利水电档案管理工作的开展。

二、水利水电档案管理工作的标准化措施

（一）加强人才队伍建设

促进水利水电档案管理工作效率首先应加强人才队伍建设。提高档案管理工作人才的招聘标准，招收具有水利水电档案管理专业能力的档案管理人才，同时进行档案管理在职人员的技术培训，向工作人员传播国内外先进的档案管理工作模式。并建立档案管理工作人员的交流平台，促进工作人员之间的交流合作，提高档案管理工作人员解决问题的能力。促进档案管理工

作效率的提升，帮助水利水电企业稳定向前发展。

（二）完善档案管理制度

健全的档案管理制度是保障档案管理工作有序开展的重要措施，政府以及水利水电相关部门协调合作，建议一套统一完善的水利水电档案管理制度体系。对于水利水电企业来说，应密切注意自身档案管理工作中经常出现的问题，并做出及时记录，坚持依据法律法规以及相关规章制度实施本企业的档案管理制度，实现水利水电企业的高效管理工作。

（三）促进档案信息化建设

信息化的水利水电企业档案管理工作要求将现代信息技术融入档案管理工作的各个部分之中，需建立完善的信息化档案管理系统。由于水利水电工程项目规模较大，涉及的档案相对较多，所以地方政府以及相关部门应重视水利水电档案管理工作，加大水利水电档案管理工作的资金投入。使用信息化的档案记录系统代替传统的纸质档案管理系统，利用现代信息化技术，结合高效的信息数据管理手段，实施科学化的企业档案信息化建设。

综上所述，水利水电档案管理工作能保证水利水电企业的稳定运行，水利水电档案管理工作中存在工作人员的整体素质不高、档案管理制度不完善以及档案管理的信息化建设不先进等问题。对于这些问题，应加强人才队伍建设、完善档案管理制度以及促进档案信息化建设等，在多种措施的综合运用下，水利水电档案管理工作效率才能得到有效的提升，促进水利水电企业的发展。

第八节　水利水电勘测设计院科技档案的现代化管理

水利水电勘测设计院科技档案是水利水电工程项目基础建设的重要组成部分，我们应当依照档案管理的新要求，正确把握水利水电勘测设计院科技档案的特点和存在的问题，开拓创新，改变思想观念，变藏为用，提高科技档案的质量，使档案管理能够有效为水利水电勘测设计工作提供后续服务。

水利水电勘测设计院科技档案是在水利水电工程项目规划、勘测、设计等活动中形成的应当归档保存的具有利用价值和参考价值的文字、图纸、图表、计算等文件材料，它是水利水电工程项目勘察设计的历史记录及珍贵的知识宝库，同时也是水利水电事业发展必不可少的依据。因此，做好水利水电勘测设计院科技档案的管理工作就显得尤为重要。我们应当清楚认识水利水电勘测设计院科技档案的特点及存在的问题，以科学发展观为指导，加强水利水电勘测设计院科技档案的现代化管理，提高水利水电勘测设计院科技档案管理质量，变藏为用，为水利水电勘测设计事业服务。

一、正确把握水利水电勘测设计院科技档案的特点和存在的问题

水利水电工程项目有投资规模大，建设周期长，涉及的专业多，范围广，过程繁杂等特点，一份完整的水利水电勘测设计院科技档案是从水利水电工程项目的提出、规划、项目建议书、可行性研究、初步设计、招投标、施工、监理、竣工验收、试运行等过程中形成的应当归档保存的各种历史记录及文件材料。单单一项水利水电工程项目它就会涉及水文、地质、水工、金属结构、环保、水保、行洪论证、水资源论证、施工、概算、经济评价等专业，这就需要各个专业技术人员之间的相互配合才能完成，同时也给水利水电科技档案的归档工作带来的不小的困难。我们作为一家水利水电勘测设计单位，应当清楚认识这一特点和困难，平常工作中应当加强档案归档的宣传工作，增强职工的档案管理意识及服务意识，提高水利水电科技档案归档率和利用率，使其在现代水利水电工程项目建设工作中发挥重要作用。

二、加强水利水电勘测设计院科技档案的科学化、信息化、制度化管理

加强水利水电勘测设计院科技档案管理，应当从思想上重视，从行动上体现，才能做到科技档案收集完整、整理有序、保管有方。因此，我们必须重视水利水电勘测设计院科技档案的管理工作，提高科技档案的现代化管理。

（一）做好水利水电勘测设计院科技档案的收集、归档、整编、保存工作

科技档案管理的基础工作是收集、归档、整编、保存。我们要做好这些基础工作，一是要利用先进的档案管理软件，对科技档案进行系统、有效的收集及整编。二是按照科技档案归档的标准及要求，严把质量关，保证归档的科技档案资料文字清晰、图表整洁、签字盖章手续完善。三是优化硬件设备，提升档案库房的保管环境，配备空调、抽湿机、电脑等设备，防止档案老化、发霉。

（二）加强水利水电勘测设计院科技档案信息化管理

作为水利水电勘测设计单位，科技档案管理的信息化管理是必然的，我们要做到科技档案管理的信息化管理要做到以下几方面：一要建立统一的档案管理系统，形成高效管理档案信息资源的管理系统，提高档案的自动化和信息化管理。二要建立科技档案数据库和多媒体数据库，使档案资料更加便于查找和利用。三要严格按照《电子文件归档与管理规范》等相关规定，全面收集、整理、管理、利用水利水电勘测设计科技档案，使档案管理朝着信息化方向发展。

（三）加强水利水电勘测设计院科技档案制度化管理

没有规矩不成方圆，要提高水利水电勘测设计院科技档案管理的质量，必须依据水利水电勘测设计院科技档案的特点及存在的问题，全面规范档案的业务工作。根据国家《档案法》、

《保密法》等有关法律法规的规定，对水利水电勘测设计院科技档案资料的收集、整理、归档、管理、利用、安全保密等方面进行规范，制定《科技档案管理与归档制度》、《科技档案借阅制度》、《科技档案保密制度》、《科技档案鉴定销毁制度》、《库房管理制度》等各项制度。建立水利水电勘测设计院科技档案管理台账，做到归档、借阅有记录。规范科技档案业务管理，制定科技档案分类大纲、整编规范、保管期限等。

（四）提高水利水电勘测设计院科技档案管理人员的整体素质

提高档案管理人员的整体素质，是提高水利水电勘测设计院科技档案管理质量的基础，因此要不断提高档案管理者素质，培养出政治素质强、热爱档案事业，具有专业知识和技能的档案人才。这就要求我们档案管理人员加强学习档案工作所需要的各种新理论、新知识、新技能，参加继续教育培训，不断优化自身的知识结构，不断提高档案业务能力及信息化水平。要与时俱进，不断创新，解放思想，改变作风，增强服务意识，变藏为用，自觉摒弃不合时宜的观念及做法，不断改善服务方式与手段，努力实现水利水电科技档案工作在理论上、体制上和机制上的创新，以适应电子信息技术给档案工作带来的影响和变革，更好地为水利水电事业建设服务。

参考文献

[1] 葛春辉.钢筋混凝土沉井结构设计施工手册 [M].北京：中国建筑工业出版社，2004.

[2] 江正荣，朱国梁.简明施工计算手册 [M].北京：中国建筑工业出版社，1991.

[3] 刘士和.高速水流 [M].北京：科学出版社，2005：134-148.

[4] 王世夏.水工设计的理论和方法 [M].北京：中国水利水电出版社，2000：117-135.

[5] 梁醒培.基于有限元法的结构优化设计 [M].北京：清华大学出版社，2010

[6] 朱伯芳.有限元素法基本原理和应用 [M].北京：水利电力出版社，1998.

[7] 施熙灿.水利工程经济学 [M].北京：中国水利水电出版社，2010.

[8] 李艳玲，张光科.水利工程经济 [M].北京：中国水利水电出版社，2011.

[9] 王建武，陈永华，等.水利工程信息化建设与管理 [M].北京：科学出版社，2004.

[10] 任鹏.对水利工程施工管理优化策略的浅析 [J].工程技术：全文版，2017，13（01）：66.

[11] 赖娜.浅析水利机电设备安装与施工管理优化策略 [J].建筑工程技术与设计，2016，13（26）：165-165.

[12] 陈建彬.对水利工程施工管理优化策略的分析 [J].中国市场，2016，12（04）：131-132.

[13] 王翔.对水利工程施工管理优化策略的分析探讨 [J].工程技术：文摘版，2016，8（10）：101.

[14] 屠波，王玲玲.对水利工程施工管理优化策略的分析研究 [J].工程技术：文摘版，2016，9（10）：93.

[15] 李益超.浅谈水利工程招投标工作的重要性和管理途径 [J].河南水利与南水北调，2014，33（6）：81-83

[16] 刘建华，邓策徽.农业综合开发水利工程项目的建设管理探究 [J].黑龙江水利科技，2016，44（11）：167-169.

[17] 舒亮亮.水利工程招标投标管理研究 [J].水利发展研究，2016，12（2）：64-68.

[18] 郑修军.水利水电工程招标管理问题及对策 [J].工程建设与设计，2013，11（3）：126-128.